TURING

Excel
机器学习

[美] 周红 / 著　　李巧君 / 译

U0254406

人民邮电出版社

北　京

图书在版编目（CIP）数据

Excel机器学习 /（美）周红著；李巧君译. -- 北
京 : 人民邮电出版社, 2023.3
ISBN 978-7-115-61128-4

Ⅰ. ①E… Ⅱ. ①周… ②李… Ⅲ. ①表处理软件②机
器学习 Ⅳ. ①TP391.13②TP181

中国国家版本馆CIP数据核字(2023)第019456号

内 容 提 要

本书通过 Excel 逐步介绍了常用的机器学习算法和数据挖掘技术的原理。许多机器学习任务的目的是找到数据中的隐藏模式。Excel 能够清楚地展示机器学习建模过程的每一步及中间结果，让你不仅知其然，还知其所以然。第 1 章解释用 Excel 学习机器学习和数据挖掘的益处。第 2 ～ 12 章分别介绍线性回归、k 均值聚类、线性判别分析、交叉验证和 ROC 曲线分析、logistic 回归、k 最近邻、朴素贝叶斯分类、决策树、关联分析、人工神经网络，以及文本挖掘。第 13 章总结全书内容，并为你指明继续学习的方向。

本书适合所有机器学习初学者阅读。此外，数据挖掘新手、视觉型学习者、教育工作者、想理解流行数据挖掘技术背后的数学原理的人，以及想提高 Excel 技能的人都可以通过阅读本书受益。

◆ 著 [美]周 红
译 李巧君
责任编辑 谢婷婷
责任印制 彭志环

◆ 人民邮电出版社出版发行 北京市丰台区成寿寺路 11 号
邮编 100164 电子邮件 315@ptpress.com.cn
网址 https://www.ptpress.com.cn
固安县铭成印刷有限公司印刷

◆ 开本：800×1000 1/16
印张：11.25 2023 年 3 月第 1 版
字数：222千字 2025 年 2 月河北第 8 次印刷
著作权合同登记号 图字：01-2021-1155号

定价：59.80元
读者服务热线：(010)84084456-6009 印装质量热线：(010)81055316
反盗版热线：(010)81055315

版权声明

谨以此书献给我的父母，你们永远在我心中。

前　言

本书的目标读者是数据挖掘新手、视觉型学习者、教育工作者、想理解流行数据挖掘技术背后的数学原理的人，以及想提高 Excel 技能的人。它可能是你开启数据挖掘之旅前应该阅读的第一本书。何出此言？

确实有几款出色的数据挖掘和机器学习软件工具，如 RapidMiner 和 Tableau，它们使挖掘过程变得简单直观。此外，Python 和 R 等编程语言提供了相关的包，可以帮助你完成大部分数据挖掘任务。但它们都对用户隐藏了模型构建过程的关键之处，这无助于初学者、视觉型学习者或那些想理解挖掘过程如何工作的用户。

Excel 让你能够以一种透明的方式处理数据。当你打开一个 Excel 文件时，数据立即可见，你可以直接处理这些数据。中间结果就在 Excel 工作表中，随时可以检查。由于检查时需要透彻地理解数据挖掘机制，因此通过 Excel 学习数据挖掘和机器学习不仅能给你带来宝贵的实践经验，还能促进你对数据挖掘机制的数学理解。

本书使用 Excel 示例讲解流行的数据挖掘方法。第 1 章介绍一些必要的 Excel 知识，第 2 章引入线性回归作为第一种数据挖掘方法，第 3 ~ 12 章分别介绍 k 均值聚类、线性判别分析、交叉验证和 ROC 曲线分析、logistic 回归、k 最近邻、朴素贝叶斯分类、决策树、关联分析、人工神经网络和文本挖掘。第 13 章总结全书内容。除了最后一章，每一章都会先讲解关于每种数据挖掘方法的数学基础知识，然后给出 Excel 示例①和完成数据挖掘任务的分步操作说明。每章结尾都辅以"复习要点"，以强调该章介绍的技能。

① 请访问本书在图灵社区上的专属页面，以下载 Excel 示例：ituring.cn/book/2894。——编者注

作为经验丰富的教育工作者，我认识到，如果能在 Excel 中通过分步操作说明来解释数据挖掘方法，那么学生就能更好地深入理解这些方法。我相信本书可以为你在数据挖掘机制方面打下坚实的基础。等你读完本书，你应该祝贺自己成为数据科学家。

致谢

如果没有包括 Joan Murray 和 Jill Balzano 在内的 Apress 编辑团队的帮助，本书将无法面世。非常感谢他们。我要感谢技术审校人 Adam Gladstone，他彻底地检查了本书内容并确保准确性。我还要感谢我的儿子 Michael，他应我的请求为我审阅了本书。此外，我必须感谢我的同事 Joseph Manthey，他从一开始就鼓励我写作本书。

目 录

第1章 Excel 和数据挖掘 ················ 1

1.1 为什么选择 Excel ················ 1

1.2 Excel 预备技巧 ················ 4

   1.2.1 公式 ················ 5

   1.2.2 自动填充或复制 ················ 5

   1.2.3 绝对引用 ················ 7

   1.2.4 选择性粘贴和值粘贴 ················ 9

   1.2.5 IF 函数 ················ 11

1.3 复习要点 ················ 17

第2章 线性回归 ················ 18

2.1 一般性理解 ················ 18

2.2 通过 Excel 学习线性回归 ················ 22

2.3 通过 Excel 学习多元线性回归 ················ 25

2.4 复习要点 ················ 28

第3章 k 均值聚类 ················ 29

3.1 一般性理解 ················ 29

3.2 通过 Excel 学习 k 均值聚类 ················ 30

3.3 复习要点 ················ 39

第4章 线性判别分析 ················ 40

4.1 一般性理解 ················ 40

4.2 规划求解 ················ 42

4.3 通过 Excel 学习线性判别分析 ················ 44

4.4 复习要点 ················ 53

第5章 交叉验证和 ROC 曲线分析 ········· 54

5.1 对交叉验证的一般性理解 ················ 54

5.2 通过 Excel 学习交叉验证 ················ 55

5.3 对 ROC 曲线分析的一般性理解 ········· 59

5.4 通过 Excel 学习 ROC 曲线分析 ········· 60

5.5 复习要点 ················ 65

第6章 logistic 回归 ················ 66

6.1 一般性理解 ················ 66

6.2 通过 Excel 学习 logistic 回归 ········· 67

6.3 复习要点 ················ 73

第7章 k 最近邻 ················ 74

7.1 一般性理解 ················ 74

7.2 通过 Excel 学习 k 最近邻 ················ 75

   7.2.1 实验 1 ················ 75

   7.2.2 实验 2 ················ 78

   7.2.3 实验 3 ················ 82

   7.2.4 实验 4 ················ 85

7.3 复习要点 ················ 87

第8章 朴素贝叶斯分类 ················ 88

8.1 一般性理解 ················ 88

8.2 通过 Excel 学习朴素贝叶斯分类 ········· 90

   8.2.1 练习 1 ················ 91

   8.2.2 练习 2 ················ 94

8.3 复习要点 ················ 100

第 9 章 决策树 ················ 101
9.1 一般性理解 ················ 102
9.2 通过 Excel 学习决策树 ················ 105
9.2.1 开始学习 ················ 105
9.2.2 更好的方法 ················ 115
9.2.3 应用模型 ················ 118
9.3 复习要点 ················ 120

第 10 章 关联分析 ················ 121
10.1 一般性理解 ················ 122
10.2 通过 Excel 学习关联分析 ················ 124
10.3 复习要点 ················ 131

第 11 章 人工神经网络 ················ 132
11.1 一般性理解 ················ 132
11.2 通过 Excel 学习人工神经网络 ················ 134
11.2.1 实验 1 ················ 134
11.2.2 实验 2 ················ 143
11.3 复习要点 ················ 152

第 12 章 文本挖掘 ················ 153
12.1 一般性理解 ················ 153
12.2 通过 Excel 学习文本挖掘 ················ 155
12.3 复习要点 ················ 168

第 13 章 后记 ················ 169

第1章

Excel 和数据挖掘

让我们步入正题吧。做数据挖掘干吗还要学习 Excel？诚然，确实有很多出色的数据挖掘软件工具，比如 RapidMiner 和 Tableau，这些工具让数据挖掘过程简单直观。除此之外，编程语言 Python 和 R 都提供了大量可靠的包，专门用于各种数据挖掘任务。既然如此，通过 Excel 研究数据挖掘或机器学习的目的何在？

1.1　为什么选择 Excel

如果你是经验丰富的数据挖掘专家，那么你算是问对问题了，你可能并不需要阅读本书。然而，如果你是数据挖掘新手、视觉型学习者，或是想理解流行数据挖掘技术背后的数学原理，抑或是教育工作者，那么本书就是为你而写的。它可能是你开启数据挖掘之旅前应该阅读的第一本书。

Excel 让你能够以透明的方式处理数据。这意味着当打开 Excel 文件时，数据立即可见，每个数据处理步骤也可见。中间结果包含在 Excel 工作表中，你可以在执行数据挖掘任务时检查。这使得你可以深刻、清晰地理解数据的操作方式和结果的获取方式。其他软件工具和编程语言隐藏了模型构建过程的重要方面。对于大多数数据挖掘项目，目标是找出隐藏在数据中的模式。因此，隐藏细节对工具或包的用户是有好处的，但无助于初学者、视觉型学习者或想弄清楚数据挖掘过程来龙去脉的用户。我会用 k 最近邻法（k-nearest neighbors method，简称 K-NN 方法）来说明 RapidMiner、R 和 Excel 之间的学习差异。在此之前，我们需要理解数据挖掘中的几个术语。

数据挖掘方法可分为两类：监督型和无监督型。监督型方法需要使用训练数据集对程序或算法（这样的程序或算法通常称为机器）进行"训练"。经过训练后，程序达到称为**模型**（model）的最优状态。这正是训练过程也叫作**建模**（modeling）的原因。数据挖掘方法也可以分为参数式方法和非参数式方法。对于参数式方法，模型只是通过训练过程获得的一组参数或规则。这些参数或规则被认为可以使程序与训练数据集很好地配合使用。非参数式方法不会生成参数集。相反，这种方法基于现有的数据集动态评估传入的数据。现在你可能搞不清楚这些定义。没关系，你很快就会明白。

什么是训练数据集？在训练数据集中，要预测其值的目标变量（也称为标签、目标、因变量、结果变量、反应）是已经给定或已知的。目标变量的值取决于其他变量的值，这些变量通常称为属性、预测值或自变量。基于属性值，监督型数据挖掘方法计算（或预测）目标变量的值。某些计算出的目标值可能与训练数据集中的已知目标值不匹配。一个好的模型表明一组最优的参数或规则，使不匹配的情况最少化。

在监督型数据挖掘方法中，通常构建模型来处理具有未知目标值的未来数据集。这种未来数据集通常被称为**评分数据集**（scoring dataset）。然而，在无监督型数据挖掘方法中，没有训练数据集，模型是可以直接应用于评分数据集的算法。k 最近邻法是一种监督型数据挖掘方法。

假设我们想根据一个人的年龄、性别、收入和已经拥有的信用卡数量来预测这个人是否有可能办理信用卡。目标变量是对办理信用卡的反应（假设为"是"或"否"），年龄、性别、收入和现有信用卡数量则是属性。在训练数据集中，包括目标变量和属性的所有变量都是已知的。在这种情况下，我们通过使用训练数据集来构建 K-NN 模型。基于构建出的模型，我们可以预测在评分数据集中有相应信息的人对办理信用卡的反应。

作为最佳的数据挖掘工具之一，RapidMiner 的预测过程如下：从仓库中检索训练数据和评分数据 ➤ 设置训练数据的角色 ➤ 对训练数据应用 K-NN 算子来构建模型 ➤ 将模型和评分数据连接到 Apply Model 算子。搞定！你现在可以执行该流程并获得结果。没错，它非常直观易懂，如图 1-1 所示。注意，这个简单的流程并不包含模型验证。

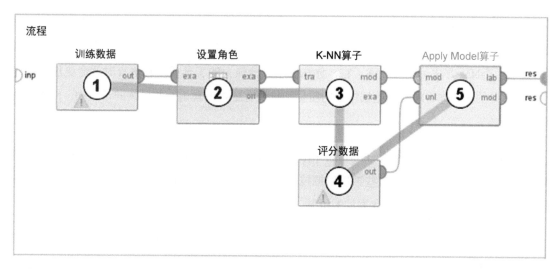

图 1-1　RapidMiner 中的 K-NN 模型

在 R 中应用 K-NN 方法也非常简单。加载 class 库之后，读取训练数据和评分数据，使用 K-NN 函数，接下来查看结果即可，如图 1-2 所示。注意，以#起头的行是注释。

```
# If the package 'kknn' has not been installed, install it.
# install.packages("kknn").
# Get a fresh start.
rm(list=ls())
# KNN is inside the library 'class'. Import the library.
library(class)
# Read the training and scoring datasets.
trainingData <- read.csv(file.choose(), header = T)
scoringData <- read.csv(file.choose(), header = T)
# Keep the target (response) values in the training data.
predictionAttribute <- trainingData$response
# Remove the target variable from the training data.
trainingData <- subset(trainingData, select=-c(response))
# Using the training data to predict the scoring data.
KNNPredictions <- knn(trainingData, scoringData,
        predictionAttribute, k=1, l=0, prob=FALSE, use.all=TRUE)
# Combine the prediction with the scoring data set.
predictionResults <- data.frame(KNNPredictions, scoringData)
# Take a look at the prediction results.
View(predictionResults)
```

图 1-2　在 R 中应用 K-NN 方法

你从先前的任务中获得的知识足以让你应用 K-NN 方法。但是，如果要理解 K-NN 的工作步骤，那么你还需要很多信息。Excel 可以为你提供逐步了解数据集分析过程的机会，你可以借此深入理解 K-NN 方法。充分理解了它，你在使用其他强大的工具或编程语言时就会更加得心应手。最重要的是，你将对数据挖掘结果的质量和价值有更好的理解。在后续的章节中，你将对此深有体会。

当然，与 R、Python 和 RapidMiner 相比，Excel 在数据挖掘方面的局限性要大得多。Excel 只能处理小规模数据。此外，有些数据挖掘技术过于复杂，无法通过 Excel 实现。尽管如此，Excel 仍然能够帮助我们直观地理解数据挖掘机制。除此之外，Excel 还天生适合做数据准备工作。

如今，由于软件工具和各种包的存在，数据挖掘任务中的大部分工作花在了理解任务（包括业务理解和数据理解）、准备数据和呈现结果方面。在建模过程上的工作不足 10%。为建模准备数据的过程称为**数据工程**。当数据集不太大时，Excel 在数据工程方面具有优势，因为它可以为我们提供数据工程的可视化表示，增强我们在数据准备过程中的信心。

作为经验丰富的教育工作者，我认识到，如果在 Excel 中使用分步说明来解释数据挖掘方法，学生就能够加深对这些方法的理解。通过 Excel 学习揭示了数据挖掘方法或机器学习方法背后的奥秘，让学生在运用这些方法时更加得心应手。

我刚才提到机器学习了吗？没错，我提到了。机器学习是如今的一个流行词。什么是机器学习？它与数据挖掘有什么区别？

大多数尝试区分数据挖掘和机器学习的努力不太成功，因为两者本就无法明确区分。目前，我建议将二者等同视之。但如果非要我说说数据挖掘和机器学习有什么不一样，我的回答是机器学习侧重于监督型方法，数据挖掘则包括监督型方法和无监督型方法。

1.2　Excel 预备技巧

你将在本书中学习很多 Excel 技巧，我会在用到时详细解释其中一部分。不过，在开始讨论数据挖掘之前，我们需要熟悉一些基本的 Excel 技巧和基础知识。

1.2.1　公式

公式是 Excel 最重要的功能。书写公式就像书写编程语句一样。在 Excel 中，公式总是以等号=开始。

打开 Excel 文件时，迎面而来的是类似于表格的工作表。是的，每张工作表都是一张巨大的表格。Excel 天生适合于数据存储、分析、挖掘的一个原因就是数据会在 Excel 中以表格形式自动排列。这张大表格中的每个单元格都有名字（或者称为引用）。在默认情况下，每一列以字母作为标签，每一行以数字作为标签。举例来说，左上角第一个单元格是 A1，也就是位于 A 列和行 1 的单元格。单元格的内容，无论是什么，都可以通过单元格引用来表示。

在单元格 A1 中输入数字 1。这时候，单元格 A1 的值为 1，该值由 A1 代表。

在单元格 B1 中输入公式=A1*10，然后按 Enter 键。注意，公式以=开始。

在单元格 C1 中输入文本 "A1 * 10"。因为该文本没有以=开始，所以它并不是公式。

我们的工作表如图 1-3 所示。

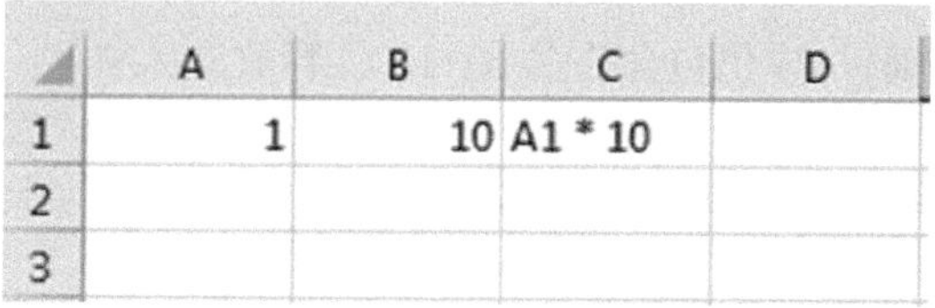

	A	B	C	D
1	1	10	A1 * 10	
2				
3				

图 1-3　Excel 公式示例

1.2.2　自动填充或复制

自动填充是 Excel 的另一项重要功能，它使 Excel 能够处理相对较大的数据集。自动填充也被很多人称为"复制"。

让我们通过下面的实验来学习自动填充。

1. 在单元格 A1 中输入 1。

2. 在单元格 A2 中输入 2。

3. 选中单元格 A1 和 A2。

4. 释放鼠标左键。

5. 将光标移至单元格 A2 的右下角，直至光标变成黑色十字形状（如图 1-4 所示）。

6. 按住鼠标左键并向下拖动至单元格 A6。

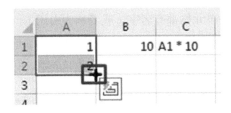

图 1-4　光标变成黑色十字形状

单元格 A1:A6 会被自动填入数字 1、2、3、4、5、6。这个过程就是自动填充。虽然有些人称其为"复制"，但更准确的叫法还是"自动填充"。

再来做另一个实验。

1. 选中单元格 B1（确保 B1 仍包含公式=A1*10）。释放鼠标左键。

2. 将光标移至单元格 B1 右下角，直至光标变成黑色十字形状。

3. 按住鼠标左键并向下拖动至单元格 B6。此时，工作表如图 1-5 所示。

| B2 | | | × | ✓ | fx | =A2*10 |

	A	B	C	D	E
1	1	10	A1 * 10		
2	2	20			
3	3	30			
4	4	40			
5	5	50			
6	6	60			

图 1-5　自动填充公式（相对引用）

注意，在图 1-5 中，单元格 B1 中的公式是=A1*10，但是单元格 B2 中的公式自动变成了=A2*10。当我们垂直向下填充时，Excel 会自动将公式中所有单元格引用的行索引增 1。与此类似，当我们水平向右填充时，Excel 会自动递增公式中所有单元格引用的列索引。

单击单元格 B3，其中的公式肯定是=A3*10。

注意，将 A1 中的数字改为 10，B1 中的数字会自动变成 100。默认情况下，如果某个单元格的值发生了变化，那么整个 Excel 工作簿都会自动重新计算。

1.2.3　绝对引用

假设有一个账本，其中记录着固定利率和借给客户的贷款金额。我们的工作是计算每个客户所欠的利息。按照以下操作说明完成实验。

1. 打开一张空白的 Excel 工作表。在单元格 A1、B1、D1 中分别输入文本 "Loan" "Interest" "Rate"。单元格 C1 保持空白。在 D2 中输入 "5%"（不包括引号）。

2. 在单元格 A2 中，输入公式=RANDBETWEEN(1000,50000)。该公式会随机生成一个位于闭区间[1000, 50 000]的整数。

3. 自动填充 A2 至 A12。

4. 在单元格 B2 中，输入公式=A2*D2。该公式计算 A2 欠了多少利息。此时应该一切顺利。

5. 让我们再尝试另一个快速填充技巧：选中单元格 B2 ➤ 将光标移至单元格右下角，直至光标变成黑色十字形状 ➤ 双击鼠标左键，如图 1-6 所示。双击操作会自动向单元格 B3 至 B12（B2 已经有公式了）中填入公式。注意，双击方式的自动填充仅适用于垂直向下方向的自动填充。

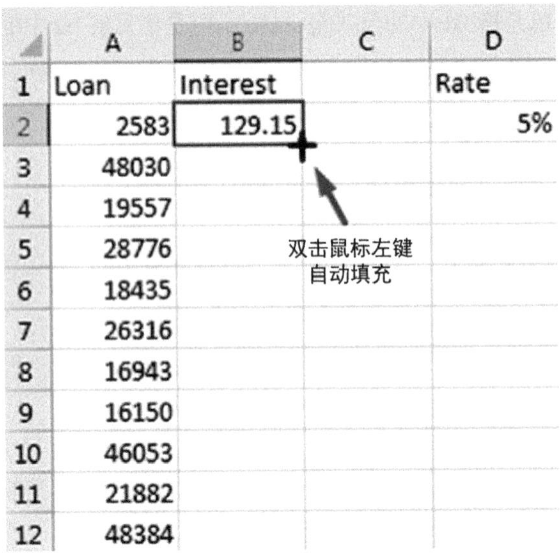

图 1-6   通过双击鼠标左键自动填充

工作表现在如图 1-7 所示。

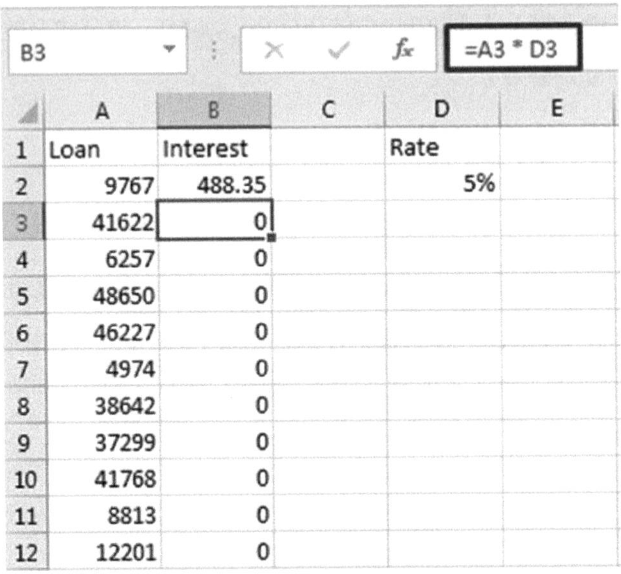

图 1-7   自动填充计算利息失败

除了单元格 B2，B 列中的其他单元格的结果都不正确。原因在于，当我们对 B2 至 B12 进行垂直方向的自动填充时，单元格 B2 中的原始公式（=A2*D2）发生了改变：公式中的所有单元格引用的行索引都被自动增 1。如图 1-7 所示，单元格 B3 中的公式是=A3*D3。我们可以猜到，单元格 B4 中的公式是=A4*D4。

在单元格 B3 中，公式应该为=A3*D2，也就是说，当我们从 B2 自动填充至 B3 时，单元格引用 A2 需要变为 A3，但单元格引用 D2 需要保持不变。

如前所述，单元格引用 D2 由两部分组成：列索引 D 和行索引 2。对于垂直方向的自动填充，列索引不变，而行索引会递增。为了在自动填充过程中保持行索引不变，我们需要在行索引之前加上符号$。这意味着单元格 B2 中的公式应该改为=A2*D$2。在自动填充操作中，使用符号$保持公式中的单元格引用不变或将其锁定，这称为**绝对引用**。

单元格 B2 中有了正确的公式之后，让我们再重新自动填充 B2 至 B12。这次应该能得到正确的结果。

注意，在单元格 B2 中，公式=A2*$D$2 也适用于这个特定的任务。如果在列索引 D 之前加上$，即便是我们在水平方向上进行自动填充，列索引也不会改变。但是，在某些情况下，我们在自动填充操作中必须仅保持部分单元格引用（行索引或列索引）不变。

1.2.4　选择性粘贴和值粘贴

继续计算利息的工作表。因为是由函数 RANDBETWEEN 生成的，所以 A 列中的数字在工作表中不断变化，这不利于演示。我们希望将单元格 A1:D12 中的数字复制到其他位置，并删除随机数功能。我们可以使用选择性粘贴功能来完成这项任务。

操作方法如下。

1. 选择单元格区域 A1:D12。在"开始"选项卡下单击"复制"。我们要将数字复制到区域 A15:D26。

2. 单击单元格 A15。在"开始"选项卡下依次单击"粘贴 ▶ 选择性粘贴"。整个过程如图 1-8 所示。注意，如果你的操作系统支持鼠标右键单击，你也可以右键单击单元格 A15，然后选择"选择性粘贴"。

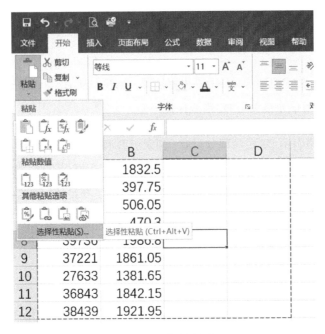

图 1-8 选择性粘贴

3. 在弹出菜单中，选择"粘贴"下的"数值"，如图 1-9 所示。注意该菜单中的"转置"功能。练习使用这个功能是个不错的主意，它在数据准备方面颇为有用。

图 1-9 值粘贴

部分工作表如图 1-10 所示。

	A	B	C	D
15	Loan	Interest		Rate
16	40429	2021.45		0.05
17	41585	2079.25		
18	19405	970.25		
19	16896	844.8		
20	27130	1356.5		
21	49177	2458.85		
22	3855	192.75		
23	20231	1011.55		
24	46700	2335		
25	42610	2130.5		
26	30315	1515.75		

图 1-10　粘贴值之后

1.2.5　IF 函数

IF 语句据说是编程中使用得最多的语句，在我们通过 Excel 学习数据挖掘的过程中也是如此。因为我们会频繁用到 IF 函数和其他与 IF 相关的函数，所以最好先对其有一些基本的了解。

本书附带了不少 Excel 样本文件，我们会经常用到它们，请从随书文件包[①]中获取。这些 Excel 文件是为不同的数据挖掘实践而设计的示例。

下载随书文件包并解压缩之后，打开文件 Chapter1-1a.xlsx。工作表如图 1-11 所示。如果你愿意，也可以自己在空白工作表中手动输入。

---

① 请访问本书在图灵社区上的专属页面，以下载随书文件包：ituring.cn/book/2894。——编者注

◢	A	B	C	D
1	Name	Season	Sales	Commissions
2	Amie	1	$50,500	
3	Jessie	1	$100,200	
4	Jack	1	$86,000	
5	Jessie	2	$120,000	
6	Joshua	4	$87,000	
7	Amie	2	$98,000	
8	Jack	2	$75,000	
9	Amie	3	$110,000	
10	Amie	4	$88,000	

图 1-11 一些销售代表的业绩

我们的第一个任务是计算每个销售代表的佣金。佣金的计算方式如下。

1. 销售额低于\$50 000，没有佣金。

2. 销售额高于\$50 000 但小于或等于\$100 000，获得 10%的佣金。

3. 销售额高于\$100 000，获得 20%的佣金。

我们计算佣金的公式是基于 IF 函数的。在单元格 D2 中输入以下公式。

```
=IF(C2<=50000,0,IF(C2<=100000,(C2-50000)*10%,50000*0.1+(C2-100000)*20%))
```

IF 函数的基本形式为：IF(boolean-expression, true-value, false-value)。在我们的公式中，如果 C2 中的销售额不足 50 000，则返回 0。当 C2 中的值大于 50 000 时，这里使用了嵌套 IF 函数，因为还有两个条件要评估。

在内 IF 函数中，如果 C2<=100000 为真，就将超过 50 000 的金额乘以 0.1（10%）并返回。否则，C2 肯定大于 100 000，因此返回表达式 50000*0.1+(C2-100000)*20%的计算结果。

工作表如图 1-12 所示。

图 1-12　使用 IF 函数计算佣金

如果我们想统计第一季度中有多少销售代表的销售额介于\$50 000 和\$100 000 之间，该怎么做呢？要回答这个问题，我们需要使用 COUNTIFS 函数。在 Excel 中，还有一个名为 COUNTIF 的函数。COUNTIF 能做到的，COUNTIFS 也能搞定，而且有许多任务只能使用 COUNTIFS 完成。

Microsoft Office Support 是这样解释 COUNTIFS 的："COUNTIFS 函数将条件应用于多个范围的单元格，并计算所有条件被满足的次数。"它的语法为：COUNTIFS(criteria_range1, criteria_1, criteria_range2, criteria_2, …)。基于此，在单元格 E1 中输入以下公式。

=COUNTIFS(B2:B10,1,C2:C10,">50000",C2:C10,"<=100000")

该公式确保以下几项。

❑ 在单元格范围 B2:B10 中，季度值为 1。
❑ 在单元格范围 C2:C10 中，销售额大于 50 000。注意，该条件位于一对双引号内。
❑ 在单元格范围 C2:C10 中，销售额小于或等于 100 000。

单元格 E1 中的值肯定是 2。

我们想检查每个销售代表的总销售额和可能的平均销售额。为此，我们需要创建一张表格。按照以下操作说明来设置该表格。

1. 将单元格 A1:A10 复制到 F1:F10。选中 F1:F10，单击"数据"选项卡，再单击"删除重复值"图标，如图 1-13 所示。

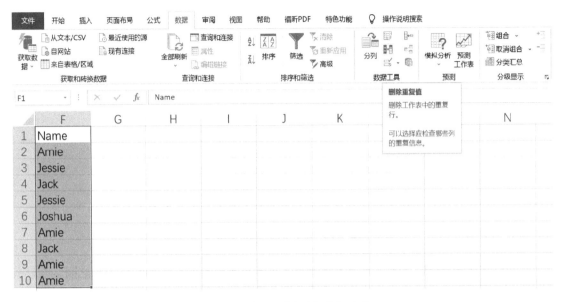

图 1-13　选择"删除重复值"功能

2. 这会弹出图 1-14 所示的菜单。确保选中"以当前选定区域排序"。单击"删除重复项"按钮。

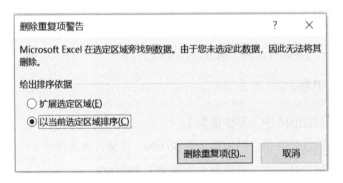

图 1-14　以当前选定区域排序

3. 勾选"数据包含标题",如图 1-15 所示。

图 1-15 数据包含标题

4. 在出现的菜单中单击"确定"。

5. 在单元格 G1 和 H1 中分别输入文本"Yearly Sales"和"Average Sales"。

工作表如图 1-16 所示。

▲	A	B	C	D	E	F	G	H
1	Name	Season	Sales	Commissions	2	Name	Yearly Sales	Average Sales
2	Amie	1	$50,500	50		Amie		
3	Jessie	1	$100,200	5040		Jessie		
4	Jack	1	$86,000	3600		Jack		
5	Jessie	2	$120,000	9000		Joshua		
6	Joshua	4	$87,000	3700				
7	Amie	2	$98,000	4800				
8	Jack	2	$75,000	2500				
9	Amie	3	$110,000	7000				
10	Amie	4	$88,000	3800				

图 1-16 设置表格

对于年销售额的计算，我们需要使用 SUMIFS 函数。同样，还有一个名为 SUMIF 的函数。两者的语法不同，可能会引起混淆。SUMIF 能做的事，SUMIFS 也都能做。为简单起见，我们只使用 SUMIFS。

1. SUMIFS 的语法为：SUMIFS(sum_range, criteria_range1, criteria1, criteria_range2, criteria2, ...)。据此，在单元格 G2 中输入下列公式。

=SUMIFS(C$2:C$10,A$2:A$10,F2)

上述公式的含义是这样的：在单元格范围 A2:A10 中，单元格 A2、A7、A9、A10 等于单元格 F2（"Amie"）；因此，对其在 C2:C10 中对应的单元格（C2、C7、C9、C10）执行求和操作。注意公式中的单元格绝对引用，因为我们要自动填充 G2 至 G5。

2. 自动填充 G2 至 G5。

3. 在单元格 H2 中输入下列公式（这里使用 AVERAGEIF 或 AVERAGEIFS 皆可，两者的语法差不多）。

=AVERAGEIFS(C$2:C$10,A$2:A$10,F2)

4. 自动填充 H2 至 H5。

工作表如图 1-17 所示。完整的结果参见 Chapter1-1b.xlsx。

	A	B	C	D	E	F	G	H
1	Name	Season	Sales	Commissions		2 Name	Yearly Sales	Average Sales
2	Amie	1	$50,500	50		Amie	346500	86625
3	Jessie	1	$100,200	5040		Jessie	220200	110100
4	Jack	1	$86,000	3600		Jack	161000	80500
5	Jessie	2	$120,000	9000		Joshua	87000	87000
6	Joshua	4	$87,000	3700				
7	Amie	2	$98,000	4800				
8	Jack	2	$75,000	2500				
9	Amie	3	$110,000	7000				
10	Amie	4	$88,000	3800				

图 1-17   使用函数 SUMIFS 和 AVERAGEIFS

在数据准备过程中，另外两个经常用到的 Excel 功能是数据导入和数据导出。在 Excel 中导出数据非常简单。例如，依次单击"文件 ➤ 另存为"，在"保存类型"处选择 CSV，就可以将当前工作表以 CSV 格式导出。

如今，Excel 能够从不同数据源处导入数据。依次单击"数据 ➤ 获取数据"，会出现一系列数据源，包括"自文件""自数据库"等。对于一般用途，从文件导入数据可能是最常见的。注意，Excel 只能正确导入文本文件。

　　不同的 Excel 版本有不同的数据导入界面。我不打算在此演示如何使用该功能，本书所需的所有数据都已经在 Excel 文件中准备好了，详见随书文件包。

1.3　复习要点

　　以上就是第 1 章的内容。请复习以下要点。

1. 通过 Excel 学习数据挖掘的优势

2. Excel 公式

3. Excel 的自动填充功能

4. 绝对引用

5. 删除重复值

6. 选择性粘贴

7. Excel 函数 RANDBETWEEN、IF、COUNTIFS、SUMIFS、AVERAGEIFS

第 2 章

线性回归

2.1 一般性理解

线性回归模型是一种预测模型，即使用训练数据构建的对评分数据进行预测的线性模型。所谓线性模型，是指目标（因变量）和属性（自变量）之间的关系是线性的。在回归分析中，我们一般使用术语**自变量**（independent variable）和**因变量**（dependent variable）。因此，本章将用自变量代替属性，用因变量代替目标。

在线性回归分析中可能存在一个或多个自变量。当只有一个自变量时，线性模型可以用常见的线性函数 $y = mx + b$ 表示，其中 y 为因变量，m 为斜率，b 为 y 轴上的截距。在大多数情况下，自变量不止一个，因此线性模型可表示为 $y = m_1x_1 + m_2x_2 + \cdots + m_nx_n + b$，其中有 n 个自变量，m_i 是与特定自变量 x_i（$i = 1, \cdots, n$）相关的系数。为了构建这样的线性模型，我们需要基于训练数据集中已知的 y 和 x_i 的值来找出 m_i 和 b 的值。

让我们通过一个场景来了解线性回归可以做什么。在南部海滨小镇，一家超市的经理 Tommy 正在考虑根据天气预报来预测冰激凌的销售情况。他收集了一些数据，将每周平均的日最高温度与夏季的冰激凌销售额联系起来。训练数据如表 2-1 所示。

表 2-1 温度与冰激凌销售额

温度（华氏度）	冰激凌销售额（千美元）
91	89.8
87	90.2
86	81.1

（续）

温度（华氏度）	冰激凌销售额（千美元）
88	83.0
92.8	90.9
95.2	119.0
93.3	94.9
97.7	132.4

　　将表 2-1 中的数据输入 Excel 工作表。注意，在此场景中，温度（Temperature）是唯一的自变量，冰激凌销售额（Ice Cream Sale）是因变量。根据给定的数据，Tommy 绘制了一张散点图，如图 2-1 所示。

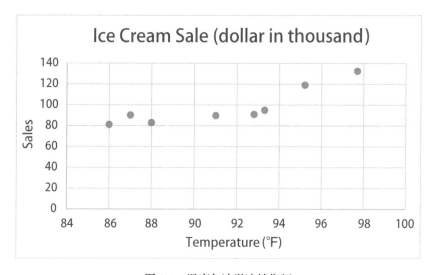

图 2-1　温度与冰激凌销售额

　　根据图 2-1，如果下周的日平均最高温度为 88.8 华氏度，Tommy 就会发现很难预测销售额，因为没有与 88.8 华氏度直接匹配的数据点。右键单击一个数据点，应该会弹出一个菜单，在其中单击"添加趋势线"，如图 2-2 所示。

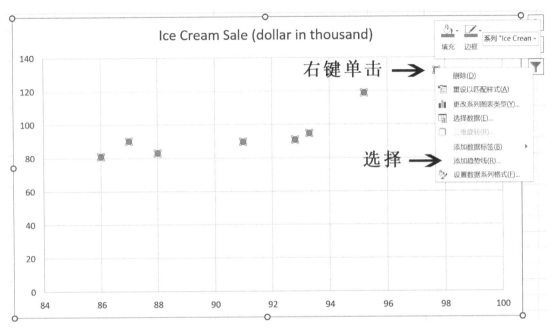

图 2-2　添加趋势线

　　图中出现了一条趋势线，如图 2-3 所示。注意，默认情况下，图 2-3 中的线不是红色实线，也不会显示公式。学会将趋势线格式化为红色实线并在图中显示公式是不错的练习。要在图中显示公式，右键单击图中的趋势线 ➤ 选择"设置趋势线格式" ➤ 单击"显示公式"。

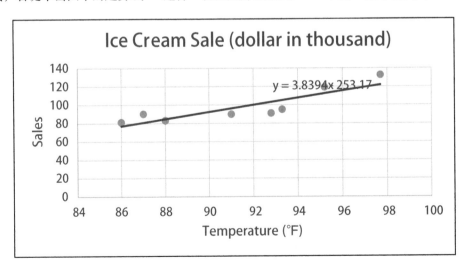

图 2-3　使用趋势线预测

通过这条直线，Tommy 可以估算出当温度为 88.8 华氏度时，销售额大约为$89 000。使用公式 $y = mx + b$，其中 $m = 3.839\,4$，$b = -253.17$，Tommy 可以更精确地预测冰激凌销售额。

$$3.839\,4 \times 88.8 - 253.17 \approx 87.8$$

这里的线性方程就是此次线性回归研究的线性数据挖掘模型。我们知道，对于线性方程 $y = mx + b$，m 和 b 是两个决定量。只要能找出 m 和 b，就可以构建并确定模型。当然，对于这种简单的情况，模型是由 m 和 b 表示的，也就是说，由 m 和 b 组成的参数集就是模型。模型的构建过程就是找出 m 和 b 的过程。

如何得到 m 和 b 呢？我们从图 2-3 中可以看出，趋势线并没有穿过所有点，而只是体现了趋势。如果多人各自手动绘制，那么会得到多条趋势线。Excel 是如何生成这条趋势线的呢？

为了找到形如 $y = mx + b$ 的特定线性方程，要用到**最小二乘法**（least square method）。我来解释一下什么是最小二乘法。

观察温度为 91 华氏度的点，该点并不在趋势线上。这说明趋势线（预测值）和实际数据之间存在误差（我们可以将其理解为差异）。事实上，图 2-3 中的所有数据点都有小误差。如公式(2-1)所示，误差的平方和可以表示为：

$$E = \sum_{i=1}^{n} \left(y_i - (mx_i + b) \right)^2 \tag{2-1}$$

其中，y_i 是训练数据集中的温度值 x_i 对应的实际冰激凌销售额。我们的目标是将误差之和最小化。为此，可以取偏导数，如公式(2-2)所示：

$$\frac{\partial E}{\partial x} = 0 \text{ 且 } \frac{\partial E}{\partial y} = 0 \tag{2-2}$$

求解上述两个偏导方程，得到 m 和 b 的值，如公式(2-3)和公式(2-4)所示。

$$m = \frac{n\sum_{i=1}^{n} x_i y_i - \left(\sum_{i=1}^{n} x_i\right)\left(\sum_{i=1}^{n} y_i\right)}{n\left(\sum_{i=1}^{n} x_i^2\right) - \left(\sum_{i=1}^{n} x_i\right)^2} \tag{2-3}$$

$$b = \frac{\left(\sum_{i=1}^{n} x_i^2\right)\left(\sum_{i=1}^{n} y_i\right) - \left(\sum_{i=1}^{n} x_i\right)\left(\sum_{i=1}^{n} x_i y_i\right)}{n\left(\sum_{i=1}^{n} x_i^2\right) - \left(\sum_{i=1}^{n} x_i\right)^2} \tag{2-4}$$

2.2   通过 Excel 学习线性回归

在公式(2-3)和公式(2-4)中，x_i 是已知的日平均最高温度，y_i 是对应于 x_i 的实际冰激凌销售额。两者来自表 2-1 所示的训练数据集。

打开文件 Chapter2-1a.xlsx。输入图 2-4 所示的公式来计算 m 和 b 的值。图 2-4 中的公式基于公式(2-3)和公式(2-4)。注意在图 2-4 中，温度被更名为 x，冰激凌销售额被更名为 y，这样设置更符合公式(2-3)和公式(2-4)。

	A	B	C	D
1	x	y	sum(x)	sum(y)
2	91	89.8	=SUM(A:A)	=SUM(B:B)
3	87	90.2		
4	86	81.1	sum(xy)	sum(x^2)
5	88	83	=SUMPRODUCT(A:A, B:B)	=SUMPRODUCT(A:A,A:A)
6	92.8	90.9		
7	95.2	119	n=	=COUNT(A:A)
8	93.3	94.9	m=	=(D7*C5-C2*D2)/(D7*D5-C2^2)
9	97.7	132.4	b=	=(D5*D2-C2*C5)/(D7*D5-C2^2)

图 2-4   通过最小二乘法计算 m 和 b

在图 2-4 中，Excel 函数 SUMPRODUCT 被用于简化两个数组之间的计算。理解 SUMPRODUCT 的要点是，两个数组必须具有相同的类型和长度。在这里，相同的类型意味着这两个数组既可以同为列，也可以同为行。通过计算 m 和 b，Tommy 完成了他的预测，如图 2-5 所示（在单元格 D12 中输入公式=D\$8*C12 + D\$9，并从 D12 自动填充至 D14）。

	A	B	C	D
1	x	y	sum(x)	sum(y)
2	91	89.8	731	781.3
3	87	90.2		
4	86	81.1	sum(xy)	sum(x^2)
5	88	83	71851.77	66915.06
6	92.8	90.9		
7	95.2	119	n=	8
8	93.3	94.9	m=	3.83943386
9	97.7	132.4	b=	-253.165769
10				
11				To be predicted
12			88.8	87.8
13			96.9	118.9
14			94.7	110.4

图 2-5   基于线性回归模型的预测

要计算 m 和 b，更有效的方法是使用 Excel 的数组函数 LINEST。数组函数与普通函数稍有不同，前者同时作用于数组且输出结果也是数组。请按照以下操作说明练习使用数组函数 LINEST。

1. 如图 2-6 所示，输入 x 和 y。注意，只输入 x 和 y 的值。列 C 和列 D 不输入内容。

2. 在单元格 C2 中输入 m，在单元格 D2 中输入 b。

3. 选中单元格 C3 和 D3。

4. 在公式栏中输入 =LINEST(B2:B9,A2:A9,TRUE,TRUE)。

5. 按住 Ctrl+Shift 的同时按 Enter（Ctrl+Shift+Enter）。

▲	A	B	C	D	E
1	x	y			
2	91	89.8			
3	87	90.2			
4	86	81.1			
5	88	83			
6	92.8	90.9			
7	95.2	119			
8	93.3	94.9			
9	97.7	132.4			
10					

图 2-6　为使用函数 LINEST 准备数据

上述步骤如图 2-7 所示。最后一步必须是按下 Ctrl+Shift+Enter。

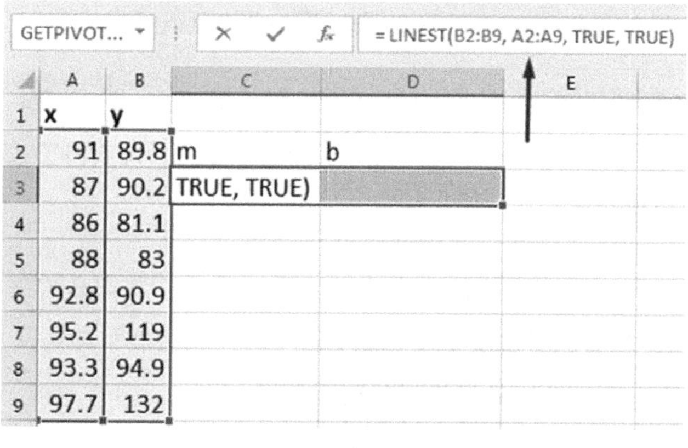

图 2-7　使用数组函数 LINEST

数组函数 LINEST 会产生多个输出。输出个数为 $n+1$，其中 n 是自变量的个数。LINEST 先输出 m，后输出 b。

LINEST 中的第一个输入是 y 数组，第二个输入是 x 数组。最后两个参数 TRUE 可以省略。Excel 工作表应该如图 2-8 所示。

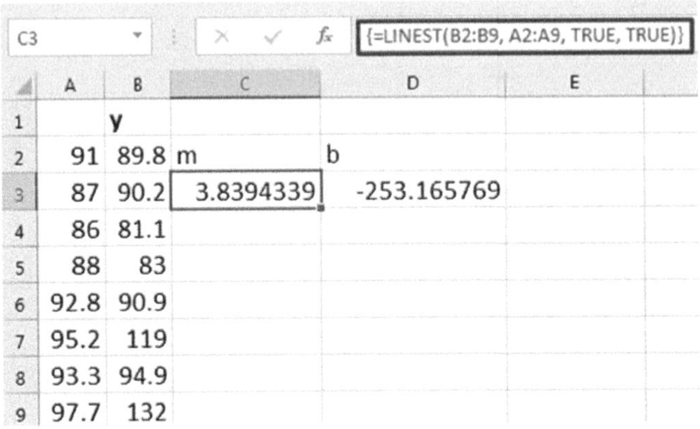

图 2-8　数组函数 LINEST 的正确用法

注意，图 2-8 中的公式出现在一对大括号{}内。{}表示该函数是数组函数。不要试图手动添加{}。我们无法通过自行添加{}来创建数组函数。{}必须通过按下 Ctrl+Shift+Enter 添加。

我们来做一个实验：选中单元格 C5 和 C6，在公式栏中键入公式=LINEST(B2:B9,A2:A9)，然后按 Ctrl+Shift+Enter。两个值会出现在单元格 C5 和 C6 中。但是，C6 的值是不正确的。为什么？原因在于，这个数组函数只能在一行中正确地输出结果。这是数组函数 LINEST 的一个限制。稍后，我将演示如何恰当地使用 LINEST 函数，同时不影响其数组函数特性。

获得 m 值和 b 值的另一种方法是通过 Excel 的数据分析工具。这是很多人喜欢采用的方法，不过我并不喜欢。使用数据分析工具进行回归分析的缺点是，一旦获得了系数和截距值，它们就不会随着训练数据的变化而更新。

在默认情况下，Excel 并没有可用的数据分析工具。为此，我们必须在 Excel 中启用内置的"分析工具库"加载项。稍后当需要使用"规划求解"时，我会展示如何在 Excel 中启用分析工具库和规划求解。目前，我们还用不着数据分析工具。

上述学习过程的结果保存在文件 Chapter2-1b.xlsx 中。

2.3　通过 Excel 学习多元线性回归

Tommy 成功地预测了冰激凌销售额，但他想更进一步。经过一番研究，他又收集了一些额外的信息，比如游客数（从酒店获得）和一周的晴天数。经过更新后的训练数据集如表 2-2 所示。

表 2-2　冰激凌销售额与温度、游客数和晴天数的关系

温度（华氏度）	游　客　数	晴　天　数	冰激凌销售额（千美元）
91	998	4	89.8
87	1256	7	90.2
86	791	6	81.1
88	705	5	83.0
92.8	1089	3	90.9
95.2	1135	6	119.0
93.3	1076	4	94.9
97.7	1198	7	132.4

表 2-2 中有 3 个自变量：温度、游客数和晴天数。当有一个以上的自变量时，线性回归特称为**多元线性回归**。让我们将温度表示为 x_1，游客数表示为 x_2，晴天数表示为 x_3，y 的截距表示为 b，销售额表示为 y。多元线性回归方程为：$y = m_1x_1 + m_2x_2 + m_3x_3 + b$。请在 Excel 中按照以下操作说明练习多元线性回归。

1. 在新的 Excel 工作表的单元格 A1:D9 中输入表 2-2 所示的数据，或是打开文件 Chapter2-2a.xlsx。

   模型构建过程旨在找出 m_1、m_2、m_3、b 的最优值，需要再次用到数组函数 LINEST。我们知道，LINEST 会返回一个值数组，其中的值依次为 m_n、m_{n-1}、……、m_1 和 b。

   因为我们不想直接处理数组函数，所以需要使用 INDEX 函数，该函数可以从数组中选取单个值。INDEX 函数用于处理矩阵或表格。它通过行索引和列索引来定位表格中的元素。由于 LINEST 返回的数组只有一行，因此行索引始终为 1，列索引则分别为 1、2、3、4。

2. 在单元格 A11:A14 中分别输入文本 "Sunny Days" "Tourists" "Temperature" "Y-intercept"。

3. 在单元格 B11:B14 中分别输入数字 1、2、3、4。工作表如图 2-9 所示。稍后我会解释为什么需要输入这些数字。

	A	B	C	D
1	Temperature (°F)	Tourists	Sunny Days	Ice Cream Sale (dollar in thousand)
2	91	998	4	89.8
3	87	1256	7	90.2
4	86	791	6	81.1
5	88	705	5	83
6	92.8	1089	3	90.9
7	95.2	1135	6	119
8	93.3	1076	4	94.9
9	97.7	1198	7	132.4
10				
11	Sunny Days	1		
12	Tourists	2		
13	Temperature	3		
14	Y-intercept	4		

图 2-9　设置表格，找出系数和截距值

4. 在单元格 C11 中输入以下公式，然后按 Enter 键：

```
=INDEX(LINEST(D$2:D$9,A$2:C$9,TRUE,TRUE),1,B11)
```

在这个公式中，函数 LINEST 的第一个输入参数是 D2:D9，即因变量的值。第二个输入参数是 A2:C9，它包含 x_1、x_2 和 x_3 的值。从 LINEST 返回的数组被作为输入提供给函数 INDEX。因为 B11 = 1，所以函数 INDEX 取出返回数组中的第一个元素，即 m_3。

参考图 2-10，注意这个公式中没有{}。

	A	B	C	D
1	Temperature (°F)	Tourists	Sunny Days	Ice Cream Sale (dollar in thousand)
2	91	998	4	89.8
3	87	1256	7	90.2
4	86	791	6	81.1
5	88	705	5	83
6	92.8	1089	3	90.9
7	95.2	1135	6	119
8	93.3	1076	4	94.9
9	97.7	1198	7	132.4
10				
11	Sunny Days	1	=INDEX(LINEST(D$2:D$9,A$2:C$9, TRUE, TRUE), 1, B11)	
12	Tourists	2		
13	Temperature	3		
14	Y-intercept	4		

图 2-10　使用函数 INDEX 和 LINEST 获得系数

5. 自动填充单元格 C11 至 C14。注意 B11、B12、B13、B14 是如何派上用场的。

   当我们自动填充单元格 C11 至 C14 时，前面的公式在单元格 C12 中自动变为=INDEX(LINEST(D$2:D$9,A$2:C$9,TRUE,TRUE),1,B12)。因为 B12＝2，所以 C12 中的公式正确地得出了游客数的系数（m_2）。同样的逻辑也适用于 C13 和 C14 中的公式。通过预先在单元格 B11:B14 中输入数字，一旦我们正确输入了初始公式，就可以通过自动填充得到所有需要的值。

   这是一种常用技巧。我们肯定不想多次输入同一个公式。

6. 最后一步是查看新模型的效果。在单元格 E1 中输入文本"Predicted"。

7. 在单元格 E2 中输入以下公式，然后自动填充至单元格 E9：

   =A2*C$13+B2*C$12+C2*$C$11+C$14

   如前所述，参数集（系数和截距值）代表了线性回归模型。我们想检查一下该模型的效果如何，因此需要在 E 列中生成预测的销售额。

8. 为了检验前面的线性回归模型的质量，我们可以基于公式(2-1)进一步计算误差。在单元格 F1 中输入文本"Error"，在单元格 F2 中输入公式=POWER(D2-E2,2)，然后从单元格 F2 自动填充至 F9。

9. 在单元格 D11 中输入文本"Sum of Errors"，在单元格 E11 中输入公式=SUM(F2:F9)。工作表如图 2-11 所示。

	A	B	C	D	E	F
1	Temperature	Tourists	Sunny Days	Ice Cream Sale (dollar in thousand)	Predicted	Error
2	91	998	4	89.8	88.7706	1.059665
3	87	1256	7	90.2	90.390726	0.036376
4	86	791	6	81.1	81.085358	0.000214
5	88	705	5	83	83.195593	0.038256
6	92.8	1089	3	90.9	89.847272	1.108235
7	95.2	1135	6	119	117.19569	3.25555
8	93.3	1076	4	94.9	97.80896	8.462051
9	97.7	1198	7	132.4	133.0058	0.367
10						
11	Sunny Days		1	5.95647 Sum of Errors	14.327347	
12	Tourists		2	-0.0013		
13	Temperature		3	3.97541		
14	Y-intercept		4	-295.47		

图 2-11　多元线性回归模型

回想一下，通过函数 LINEST 获得的系数保证了单元格 E11 中的误差值最小。你可以手动修改系数，检查能否获得更小的误差值。我将此作为一个练习留给你动手实践。

自变量"Tourists"（游客数）的系数为负。这仅意味着当游客更多时，冰激凌的销量反而会减少。不过在本例中，该系数接近于零，表明游客数对冰激凌的销量没有太大的影响。

完整的结果可以在文件 Chapter2-2b.xlsx 中找到。

2.4　复习要点

以上就是第 2 章的内容。请复习以下概念和 Excel 技能。

1. 线性回归模型

2. 最小二乘法

3. 多元线性回归

4. Excel 函数 LINEST、SUMPRODUCT、INDEX、POWER

第3章

k 均值聚类

3.1　一般性理解

不同于作为预测方法的线性回归，聚类是一种将对象（数据点）划分到不同组（簇）中的分类方法，其中每一组都具有多个特征测量值。举例来说，一家银行在考虑向其客户发放贷款时，可能希望将客户分为不同的风险组。这种分类过程依赖于所选择的特征和所采用的算法。注意，这里涉及多个术语：**对象**（subject）、**数据点**（data point）、**组**（group）、**簇**（cluster）、**类**（class）等。在表格中，行称为记录。由于一条记录可以由多个数值组成，因此它也称为数据点。此外，记录可以包含用于描述个人的特征，因此在某些情况下，记录也称为对象。在本章中，数据点、记录和对象都具有相同的含义。同理，组、簇和类这 3 个术语的含义也一样。

聚类是一种无监督型数据挖掘方法。它不需要训练数据集。两种最流行的聚类方法是**分区聚类**（partitioning clustering）和**层次聚类**（hierarchical clustering）。**k 均值聚类**（k-means clustering）属于分区聚类，其中 *k* 代表所需的簇数。在 *k* 均值聚类中，每个簇由该簇中数据点的**质心**（centroid）来定义。假设一个簇有 3 个数据点，分别用向量表示为(1, 2, 3, 4, 5)、(2, 3, 4, 5, 6)、(5, 4, 3, 2, 1)。这个簇的质心就是$((1+2+5)/3, (2+3+4)/3, (3+4+3)/3, (4+5+2)/3, (5+6+1)/3)$，即(2.7, 3, 3.3, 3.7, 4)。注意，*k* 均值聚类法要求所有数据均为数值型。

要开始 *k* 均值聚类过程，第一个任务是决定需要多少个簇，即确定 *k* 的值。我们可能需要通过尝试不同的 *k* 值来检验哪个最符合我们的要求。第二个任务是选择 *k* 个数据点作为初始质心。我们既可以随机选择 *k* 个质心，也可以根据数据分布来选择。计算从每个数据点到每个质心的距离，将数据点推入所有簇中距离其最近的簇。一旦所有数据点都被推入一个簇，就重新计算簇中数据点的质心。每个数据点到每个新质心的距离也被重新计算，然后再次根据最短距离规则将数据点分类成簇。重复该过程，直到所有数据点在连续两次迭代中被分配到相同的簇中，这时该簇的质心已经稳定，并且此后将保持不变。当达到预定的最大迭代次数时，该过程也会停止。

要计算任意两个数据点之间的距离，方法不止一种，不过常用的是**欧几里得距离**（Euclidean distance）。给定两个数据点 $(x1, x2, x3, x4)$ 和 $(y1, y2, y3, y4)$，欧几里得距离的计算方法如公式(3-1)所示。

$$\sqrt{(x1-y1)^2 + (x2-y2)^2 + (x3-y3)^2 + (x4-y4)^2} \tag{3-1}$$

3.2　通过 Excel 学习 k 均值聚类

假设有 50 个国家，我们想根据谋杀率、袭击率、城市人口和抢劫率这 4 个属性将其分为 4 个簇。所有的数据都保存在 Excel 文件 Chapter3-1a.xlsx 中。打开该 Excel 文件，其中只有一张名为 k1 的工作表。A 列保存了每个国家的唯一代码，如图 3-1 所示。

	A	B	C	D	E	F	G
1							
2	Country	Murder	Assault	UrbanPop	Robbery		
3	L1	12	193	51	21		
4	L2	9	222	39	42		
5	L3	6	226	72	30		
6	L4	8	177	50	17		
7	L5	7	235	86	39		
8	L6	5	170	78	37		
9	L7	0	35	75	7		
10	L8	4	198	70	15		
11	L9	13	259	74	30		
12	L10	15	136	52	24		
13	L11	5	32	82	17		
14	L12	0	54	47	12		
15	L13	10	218	79	20		
16	L14	7	26	65	19		

图 3-1　本示例中的部分数据

选中单元格 G1:K1，单击"合并后居中"，将 G1 至 K1 的单元格合并成一个单元格。在合并后的单元格（G1）中输入文本"Mean"。在单元格 G2:K6 中输入其他数据，如图 3-2 所示。注意，C1、C2、C3、C4 中的字母 C 都是大写的。

	B	C	D	E	F	G	H	I	J	K
1								Mean		
2	Murder	Assault	UrbanPop	Robbery		Cluster	C1	C2	C3	C4
3	12	193	51	21		Murder	2.3	5.6	11	15
4	9	222	39	42		Assault	15	53	100	200
5	6	226	72	30		UrbanPop	9.9	20	50	80
6	8	177	50	17		Robbery	10	10	25	40
7	7	235	86	39						
8	5	170	78	37						
9	0	35	75	7						
10	4	198	70	15						
11	13	259	74	30						
12	15	136	52	24						
13	5	32	82	17						
14	0	54	47	12						
15	10	218	79	20						

图 3-2　在 G2:K6 中设置数据

C1、C2、C3、C4 分别代表簇 1、簇 2、簇 3、簇 4。在快速查看每个属性的数据范围后，我们选择了单元格 H3:K6 中的数字。我们也可以随机挑选一些数字。在本例中，我们保持数字不变。单元格 H3:H6、I3:I6、J3:J6、K3:K6 中的数字分别代表 C1、C2、C3、C4 的质心。

选中单元格 M1:P1，单击"合并后居中"，将 M1 至 P1 的单元格合并成一个单元格，并在其中输入文本"Distances"。我们将在 M、N、O、P 这 4 列中保存从每个数据点到 4 个质心的欧几里得距离。单元格 M1:Q2 的设置如图 3-3 所示。

G	H	I	J	K	L	M	N	O	P	Q
		Mean					Distances			
Cluster	C1	C2	C3	C4		C1	C2	C3	C4	Cluster
Murder	2.3	5.6	11	15						
Assault	15	53	100	200						
UrbanPop	9.9	20	50	80						
Robbery	10	10	25	40						

图 3-3　单元格 M1:Q2 的设置

单元格 M3 保存从国家 L1 (12, 193, 51, 21) 到质心 C1 (2.3, 15, 9.9, 10) 的距离。M3 中的公式基于公式(3-1)，如下所示。

```
=SQRT(($B3-H$3)^2+($C3-H$4)^2+($D3-H$5)^2+($E3-H$6)^2)
```

该公式计算 L1 和 C1 之间的欧几里得距离。注意，该公式用到了绝对引用，这是为了方便自动填充。函数 SQRT 计算一个值的平方根；($B3-H$3)^2 给出了 B3 和 H3 之差的平方。

按照以下操作说明继续计算过程。

1. 选中单元格 M3 并将其水平自动填充至 P3。

2. 选中单元格 M3:P3，将其自动填充至单元格 M52:P52。到目前为止，我们已经计算出从每个数据点到每个质心的距离。部分工作表如图 3-4 所示。

	J	K	L	M	N	O	P	Q
1				Distances				
2	C3	C4		C1	C2	C3	C4	Cluster
3	11	15		183.2711	143.9547	93.09672	35.49648	
4	100	200		211.5767	173.0825	123.6851	46.95743	
5	50	80		220.8871	181.7503	128.1015	30.34798	
6	25	40		167.1332	127.7919	77.47258	44.79955	
7				234.6365	195.7625	140.4742	36.41428	
8				171.4611	133.3505	76.57676	31.82766	
9				68.20777	58.21821	72.76675	169.0089	
10				192.6886	153.4684	100.7621	29.15476	
11				253.2969	214.0251	160.8913	60.17475	
12				129.5017	90.53927	36.29049	71.66589	

图 3-4   在工作表 k1 中计算出的距离

3. 根据最短距离规则，Q 列中的数据指定了每个数据点所属的簇。在单元格 Q3 中，输入以下公式。

```
=INDEX($M$2:$P$2,1,MATCH(MIN(M3:P3),M3:P3,0))
```

MATCH 函数的语法为：MATCH(lookup_value, lookup_array, match_type)。如果 match_type = 0，则该函数在 lookup_array 中查找 lookup_value 的精确匹配项。如果没有找到，则返回#N/A 错误（值不可用错误）。如果找到，则返回 lookup_value 在数组中的相对位置。注意，Microsoft Office 工具中的第 1 个位置始终是 1。

在上述公式中，MATCH 函数查找数组 M3:P3 中最小值的相对列位置（在本例中为 4）。相对列位置被提供给 INDEX 函数，以便在数组 M2:P2 中找到正确的簇名。此公式确定数据点 L1 属于哪个簇。

由于只有 4 个簇，因此也可以使用嵌套 IF 语句代替之前的公式，如下所示。

`=IF(MIN(M3:P3)=M3,"C1",IF(MIN(M3:P3)=N3,"C2",IF(MIN(M3:P3)=O3,"C3","C4")))`

在嵌套 IF 语句中，如果最小值等于 M3，就返回 "C1"；如果最小值等于 N3，就返回 "C2"；如果最小值等于 O3，就返回 "C3"；否则返回 "C4"。

如果簇过多，那么使用函数 INDEX 和 MATCH 是比使用嵌套 IF 语句更好的编程方法。

4. 自动填充 Q3 至 Q52，如图 3-5 所示。

	A	B	C	D	E	F	G	H	I	J	K	L	M	N	O	P	Q
1									Mean						Distances		
2	Country	Murder	Assault	UrbanPop	Robbery		Cluster	C1	C2	C3	C4		C1	C2	C3	C4	Cluster
3	L1	12	193	51	21		Murder	2.3	5.6	11	15		183.2711	143.9547	93.09672	35.49648	C4
4	L2	9	222	39	42		Assualt	15	53	100	200		211.5767	173.0825	123.6851	46.95743	C4
5	L3	6	226	72	30		UrbanPop	9.9	20	50	80		220.8871	181.7503	128.1015	30.34798	C4
6	L4	8	177	50	17		Robbery	10	11	25	40		167.1332	127.7919	77.47258	44.79955	C4
7	L5	7	235	86	39								234.6365	195.7625	140.4742	36.41428	C4
8	L6	5	170	78	37								171.4611	133.3505	76.57676	31.82766	C4
9	L7	0	35	75	7								68.20777	58.21821	72.76675	169.0089	C2
10	L8	4	198	70	15								192.6886	153.4684	100.7621	29.15476	C4
11	L9	13	259	74	30								253.2969	214.0251	160.8913	60.17475	C4
12	L10	15	136	52	24								129.5017	90.53927	36.29049	71.66589	C3
13	L11	5	32	82	17								74.45603	65.83586	75.81557	169.8735	C2
14	L12	0	54	47	12								53.91382	27.66514	49.14265	153.0163	C2
15	L13	10	218	79	20								214.8095	175.5715	121.6183	27.38613	C4
16	L14	7	26	65	19								57.09729	53.26312	75.84853	176.0852	C2
17	L15	2	0.1	53	9								45.6148	62.46095	101.617	204.497	C1
18	L16	3	80	56	16								79.91683	45.47263	24.10394	125.2837	C3

图 3-5　经过第 1 轮计算之后的工作表 k1

5. 我们现在需要开始第 2 轮聚类。复制工作表 k1，将新工作表命名为 k2。在工作表 k2 中，我们需要为单元格 H3 输入公式来重新计算簇 1 中所有数据点的 Murder 属性的均值。

虽然所需的数据在工作表 k1 中，但是以下公式可以为我们完成这项任务。

`=AVERAGEIFS('k1'!$B$3:'k1'!$B$52, 'k1'!$Q$3:'k1'!$Q$52,H$2)`

虽然这个公式在工作表 k2 中，但是它所用的数据均位于工作表 k1 中，'k1'!通过名称引用工作表 k1。该公式使用函数 AVERAGEIFS 来计算簇 1 中所有数据点的 Murder 属性的均值。注意，只有簇名与单元格 H2（C1）匹配的数据点（并且只有 B 列）才会被求均值。

不过，上述公式还不够好。

原因在于，当需要在另一张工作表 k3 中开始另一次聚类迭代时，我们必须转到工作表 k3 的单元格 H3，将 "k1" 改为 "k2"，因为工作表 k3 必须使用工作表 k2 中的数据。我们实在不想一次又一次地手动修改公式。

为了解决这个难题，我们要用到函数 INDIRECT、ADDRESS 以及运算符&。

函数 INDIRECT 将文本作为单元格引用进行求值。函数 ADDRESS 将两个数字转换成单元格引用，它需要行号和列号。在 Excel 中，A 列是 1，B 列是 2，以此类推。运算符&可以将文本（字符串）拼接在一起。

❑ 在工作表 k2 的单元格 F1 中，输入 "k1"（小写）。这是为了引用工作表 k1。
❑ 在单元格 F3 至 F6 中，分别输入数字 2、3、4、5。当我们在水平方向自动填充公式时，这些数字有助于选择正确的列。在 Excel 中，B 列是第 2 列，C 列是第 3 列，以此类推。这些数字可分别用于引用 B 列、C 列、D 列、E 列。

工作表 k2 的部分内容如图 3-6 所示。

	B	C	D	E	F	G	H	I	J	K
1					k1			Mean		
2	Murder	Assault	UrbanPop	Robbery		Cluster	C1	C2	C3	C4
3	12	193	51	21	2	Murder				
4	9	222	39	42	3	Assualt				
5	6	226	72	30	4	UrbanPop				
6	8	177	50	17	5	Robbery				
7	7	235	86	39						
8	5	170	78	37						
9	0	35	75	7						

图 3-6   为自动更新公式而设置工作表 k2

在单元格 H3 中输入以下公式。

```
=AVERAGEIFS(INDIRECT($F$1 & "!" & ADDRESS(3,$F3,1)) : INDIRECT($F$1 & "!" &
ADDRESS(52,$F3,1)),INDIRECT($F$1 & "!$Q$3"):INDIRECT($F$1 & "!$Q$52"),H$2)
```

让我们来仔细看看这个公式：

❑ ADDRESS(3,$F3,1) ➤ $B$3；

- ❏ INDIRECT($F$1 & "!" & ADDRESS(3,$F3,1)) ➤ 'k1'!$B$3;

- ❏ INDIRECT($F$1 & "!" & ADDRESS(52,$F3,1)) ➤ 'k1'!$B$52;

- ❏ INDIRECT($F$1 & "!" & ADDRESS(3,$F3,1)) : INDIRECT($F$1 & "!" & ADDRESS(52,$F3,1))
  ➤ 'k1'!$B$3:'k1'!$B$52;

- ❏ INDIRECT($F$1 & "!$Q$3"):INDIRECT($F$1 & "!$Q$52") ➤ 'k1'!$Q$3:'k1'!$Q$52。

我们最终得到以下公式。

=AVERAGEIFS('k1'!$B$3:'k1'!$B$52,'k1'!$Q$3:'k1'!$Q$52,H$2)

该公式有如下优点:

- ❏ 我们可以从 H3 自动填充至 K6;
- ❏ 随后在工作表 k3 中,当我们需要引用工作表 k2 时,只需将单元格 F1 中的文本改为"k2"即可。

6. 从 H3 自动填充至 K6。工作表如图 3-7 所示。

F	G	H	I	J	K
k1			Mean		
	Cluster	C1	C2	C3	C4
2	Murder	2	2.82	6.6923077	9.789474
3	Assualt	4.175	45.9	108.23077	215.3684
4	UrbanPop	52.125	55.5	64.846154	65.10526
5	Robbery	10.875	12.7	19.692308	26.15789

图 3-7　工作表 k2 中的质心

7. 到目前为止,每个数据点到 4 个新质心的距离及其所属的簇都已经自动计算出来了。分别在单元格 R1 和 R2 中输入数字 1 和 2。选中这两个单元格并自动填充至单元格 R52。单元格 R1:R52 中的数字现在分别为 1~52。

8. 在单元格 S2 中输入"Old cluster"。S 列保存前一次迭代中所有数据点所属的簇(这些数据在工作表 k1 中)。

9. 在单元格 T2 中，输入 "difference"。T 列记录了当前迭代的簇和上一次迭代的簇是否一致。工作表的部分内容如图 3-8 所示。

	M	N	O	P	Q	R	S	T
	Distances					1		
	C1	C2	C3	C4	Cluster	2	Old cluster	difference
	189.3638	147.6883	86.06637	27.03322	C4	3		
	220.5397	179.3882	118.8041	31.25793	C4	4		
	223.569	181.7076	118.4377	13.77279	C4	5		
	173.0506	131.3879	70.41714	42.27735	C4	6		
	235.0398	193.3862	129.9646	31.5387	C4	7		
	169.8793	128.4613	65.50482	48.63186	C4	8		
	38.63239	23.22719	75.31087	181.9163	C2	9		
	194.7015	152.8115	90.07965	21.99175	C4	10		
	256.712	214.8413	151.5295	44.8096	C4	11		
	133.1132	91.68589	31.99575	80.64056	C3	12		
	41.39157	30.3101	78.20164	184.4349	C2	13		
	50.14042	12.09555	57.995	163.2907	C2	14		
	215.8487	173.9986	110.7278	15.42572	C4	15		

图 3-8   准备与工作表 k1 进行比较

10. 在单元格 S3 中输入如下公式并自动填充至 S52。

```
=INDIRECT($F$1 & "!Q" & R3)
```

该公式引用了工作表 k1 中单元格 Q3 的值。

11. 在单元格 T3 中输入如下公式并自动填充至 T52。

```
=IF(Q3=S3,0,1)
```

根据该公式，对于一个给定的数据点，如果它的上一个归属簇不同于当前的归属簇，就返回 1，否则返回 0。我们的目标是当 T 列只有 0 时达到一个稳定的条件，也就是说，所有的数据点都停留在与上次迭代时相同的簇中。

12. 选中单元格 G10 和 H10，将其合并，然后在其中输入 "convergence"。在单元格 I10 中，输入以下公式。

```
=SUM(T3:T52)
```

如前所述，我们希望单元格 I10 的值为 0。工作表 k2 的部分内容如图 3-9 所示。

F	G	H	I	J	K	L	M	N	O	P	Q	R	S	T
k1		Mean					Distances					1		
	Cluster	C1	C2	C3	C4		C1	C2	C3	C4	Cluster	2	Old cluster	difference
2	Murder	2	2.82	6.692308	9.789474		189.3638	147.6883	86.06637	27.03322	C4	3	C4	0
3	Assualt	4.175	45.9	108.2308	215.3684		220.5397	179.3882	118.8041	31.25793	C4	4	C4	0
4	UrbanPop	52.125	55.5	64.84615	65.10526		223.569	181.7076	118.4377	13.77279	C4	5	C4	0
5	Robbery	10.875	12.7	19.69231	26.15789		173.0506	131.3879	70.41714	42.27735	C4	6	C4	0
							235.0398	193.3862	129.9646	31.5387	C4	7	C4	0
							169.8793	128.4613	65.50482	48.63186	C4	8	C4	0
							38.63239	23.22719	75.31087	181.9163	C2	9	C2	0
	convergence		4				194.7015	152.8115	90.07965	21.99175	C4	10	C4	0
							256.712	214.8413	151.5295	44.8096	C4	11	C4	0
							133.1132	91.68589	31.99575	80.64056	C3	12	C3	0
							41.39157	30.3101	78.20164	184.4349	C2	13	C2	0
							50.14042	12.09555	57.995	163.2907	C2	14	C2	0
							215.8487	173.9986	110.7278	15.42572	C4	15	C4	0
							27.07604	23.31142	82.2344	189.5242	C2	16	C2	0
							4.570216	46.02448	109.4026	216.4304	C1	17	C1	0

图 3-9　经过第 2 轮计算之后的工作表 k2

13. 因为在第 2 次迭代中有 4 个数据点的簇发生了变化，所以我们需要继续进行聚类。复制工作表 k2，将新工作表命名为 k3。

14. 在工作表 k3 中，将单元格 F1 中的文本修改为 "k2"，然后按 Enter 键。工作表 k3 的部分内容如图 3-10 所示。

F	G	H	I	J	K	L	M	N	O	P	Q	R	S	T
k2		Mean					Distances					1		
	Cluster	C1	C2	C3	C4		C1	C2	C3	C4	Cluster	2	Old cluster	difference
2	Murder	2	2.654545	7.666667	9.8125		189.3638	146.2439	73.54448	35.70769	C4	3	C4	0
3	Assualt	4.175	47.36364	121.3333	226.0625		220.5397	177.9459	106.8497	28.26286	C4	4	C4	0
4	UrbanPop	52.125	57.09091	66.86667	62.75		223.569	180.0256	105.3271	10.37613	C4	5	C4	0
5	Robbery	10.875	13.72727	19.53333	27.25		173.0506	129.9814	58.22191	51.74977	C4	6	C4	0
							235.0398	191.5744	116.8999	27.68418	C4	7	C4	0
							169.8793	126.5859	52.95839	59.10828	C3	8	C4	1
							38.63239	22.93246	87.95145	192.7726	C2	9	C2	0
	convergence		4				194.7015	151.1998	76.95188	31.99866	C4	10	C4	0
							256.712	213.1847	138.351	35.05944	C4	11	C4	0
							133.1132	90.2234	22.58003	90.90814	C3	12	C3	0
							41.39157	29.54177	90.68071	195.3434	C2	13	C2	0
							50.14042	12.48591	71.02106	173.7309	C2	14	C2	0
							215.8487	172.3081	97.45422	19.53212	C4	15	C4	0
							27.07604	23.78326	95.35543	200.2649	C2	16	C2	0
							4.570216	47.67979	122.6086	227.0423	C1	17	C1	0

图 3-10　工作表 k3 中经过 3 轮计算之后的 k 均值聚类结果

15. 重复聚类过程：将工作表 k3 复制为工作表 k4。在工作表 k4 中，将单元格 F1 中的文本修改为 "k3"，然后按 Enter 键。工作表 k4 的部分内容如图 3-11 所示。

F	G	H	I	J	K	L	M	N	O	P	Q	R	S	T
k3		Mean						Distances				1		
	Cluster	C1	C2	C3	C4		C1	C2	C3	C4	Cluster	2	Old cluster	difference
2 Murder	1.78889	3.341667	7.785714	10.13333		186.8733	139.0676	64.93439	38.78516	C4	3	C4	0
3 Assualt	6.71111	54.5	130.7143	229.8		218.0676	170.7464	98.44456	28.56727	C4	4	C4	0
4 UrbanPop	51.2222	58.41667	68.85714	61.73333		221.1874	172.6467	95.83343	12.1856	C4	5	C4	0
5 Robbery	10.3333	15.75	20.42857	26.6		170.5369	122.8835	50.09751	54.97474	C3	6	C4	1
							232.7536	184.106	107.3075	27.91933	C4	7	C4	0
							167.6357	119.0717	43.6959	63.04883	C3	8	C3	0
							37.14775	27.25777	97.15916	196.494	C2	9	C2	0
	convergence		2				192.2777	143.9702	67.62007	35.38016	C4	10	C4	0
							254.3246	205.8141	128.8506	31.98263	C4	11	C4	0
							130.681	82.99038	19.41399	94.46493	C3	12	C3	0
							40.51611	32.66093	99.6833	199.1333	C2	13	C2	0
							47.53992	12.48277	80.5883	177.3092	C2	14	C2	0
							213.4841	164.9798	87.90199	21.9307	C4	15	C4	0
							25.77121	29.65698	104.798	203.9919	C1	16	C2	1
							6.977795	55.10048	132.1954	230.6822	C1	17	C1	0

图 3-11　工作表 k4 中经过 4 轮计算之后的 *k* 均值聚类结果

16. 重复聚类过程：将工作表 k4 复制为工作表 k5。在工作表 k5 中，将单元格 F1 中的文本修改为 "k4"，然后按 Enter 键。收敛值变为 0，如图 3-12 所示。

F	G	H	I	J	K	L	M	N	O	P	Q	R	S	T
k4		Mean						Distances				1		
	Cluster	C1	C2	C3	C4		C1	C2	C3	C4	Cluster	2	Old cluster	difference
2 Murder	2.31	3.009091	7.8	10.28571		184.8813	136.4894	61.63181	42.68943	C4	3	C4	0
3 Assualt	8.64	57.09091	133.8	233.5714		216.1038	168.1954	95.25692	30.12762	C4	4	C4	0
4 UrbanPop	52.6	57.81818	67.6	62.57143		219.0634	170.1526	92.84115	13.11332	C4	5	C4	0
5 Robbery	11.2	15.45455	20.2	27.28571		168.576	120.2772	46.75767	58.90151	C3	6	C3	0
							230.5412	181.7035	104.5662	26.43784	C4	7	C4	0
							165.3937	116.7216	41.33618	66.34511	C3	8	C3	0
							34.92257	29.38974	100.2561	200.2558	C2	9	C2	0
	convergence		0				190.2032	141.4389	64.56686	38.87106	C4	10	C4	0
							252.2019	203.3237	125.8534	28.14177	C4	11	C4	0
							128.6305	80.48169	17.73358	98.31052	C3	12	C3	0
							38.09102	34.93803	102.9013	202.8355	C2	13	C2	0
							45.7697	12.14806	83.18942	181.1845	C2	14	C2	0
							211.3413	162.5114	84.99914	23.78089	C4	15	C4	0
							23.19409	32.35306	107.841	207.7769	C1	16	C1	0
							8.833329	57.56612	135.0849	234.5283	C1	17	C1	0

图 3-12　工作表 k5 中经过 5 轮计算之后的 *k* 均值聚类结果

17. 一旦收敛值达到 0，无论我们再继续进行多少次迭代，数据都不会发生任何改变。不过，需要通过创建另一张工作表 k6 来重复上述过程以进行确认。

到此为止，所有的数据点都已经成功聚类。完整的结果详见 Chapter3-1b.xlsx。

经过上述聚类过程，我们可以看出，在 Excel 中进行聚类并不难。相反，它让我们能够经历每一个步骤，扎实地理解 *k* 均值聚类的工作原理。给你提一个挑战：分别检查 4 个簇中的数字，看看能从中发现什么规律。在寻找规律时，请记住聚类就是将相似的记录分在一起。

3.3 复习要点

在第 3 章中，有必要复习以下知识点、技能和函数。

1. 质心

2. 欧几里得距离

3. Excel 函数 INDEX、IF

4. Excel 函数 SQRT、MATCH、INDIRECT、ADDRESS、AVERAGEIFS

5. 运算符&

6. 复制工作表，开始新的迭代

7. 聚类过程

第4章

线性判别分析

4.1 一般性理解

线性判别分析（linear discriminant analysis，LDA）类似于线性回归和 k 均值聚类，但也有不同。k 均值聚类是一种无监督型分类方法，而 LDA 属于监督型分类方法，因为其分类是在已知数据上训练而来的。预测结果在线性回归中是定量的数值，而在 LDA 中则是定性的类别。

LDA 试图找到能够将数据点划为不同类别的最佳线性函数。组均值之间的方差应尽可能大，而每组内的方差应尽可能小。注意，方差是在将每个数据点投影到线性函数 $P = w_1x_1 + w_2x_2 + \cdots + w_nx_n + b$ 之后计算的。训练数据集用于寻找由参数集 $(w_1, w_2, \cdots, w_n, b)$ 描述的最佳 P 函数。图 4-1 从两个维度展示了这个概念。

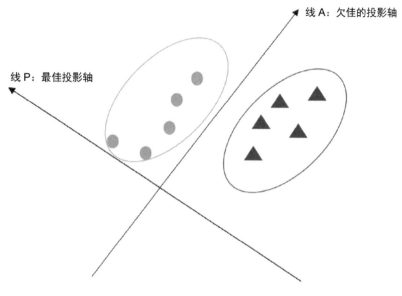

图 4-1　LDA 用于分组

给定一系列已经被分类到不同组的训练数据点 S，可以将应用 LDA 的 3 个步骤简化如下。

步骤 1：通过公式(4-1)对组间方差求和。

$$S_g = \sum_{i}^{k} s_g = \sum_{i=1}^{k} \left(\overline{x}_i - \overline{x} \right)^2 \tag{4-1}$$

k 是组数，$\overline{x}$ 是组均值的均值，$\overline{x}_i$ 是单组的均值。

步骤 2：通过公式(4-2)对组内方差求和。

$$S_w = \sum_{i}^{k} \sum_{j}^{n} \left(x_{ij} - \overline{x}_i \right)^2 \tag{4-2}$$

n 是组内的数据点数量。

步骤 3：P 是使 $S_g(P)/S_w(P)$ 最大化的最佳投影线性函数。因为 P 由$(w_1, w_2, \cdots, w_n, b)$定义，所以 LDA 的模型构建阶段就是求解$(w_1, w_2, \cdots, w_n, b)$的阶段，如公式(4-3)所示。

$$w_1 x_1 + w_2 x_2 + \cdots + w_n x_n + b = \max \left(S_g(P) / S_w(P) \right) \tag{4-3}$$

可以先应用最小二乘法求解$(w_1, w_2, \cdots, w_n, b)$，然后通过 Excel 规划求解进一步优化。

4.2 规划求解

Excel 规划求解是一种优化工具。它调整决策变量的值以搜索最大或最小的目标值。规划求解是一个内置的加载项程序,无须下载即可安装。按照以下操作说明安装规划求解加载项和数据分析加载项。

1. 打开一个空白的 Excel 文件。

2. 单击"文件 ➤ 选项"。"选项"位于屏幕底部,如图 4-2 所示。

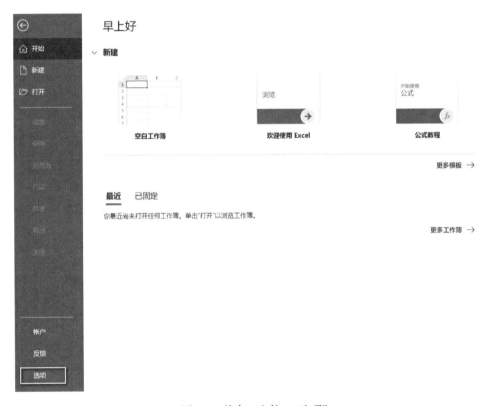

图 4-2　单击"文件 ➤ 选项"

3. 单击"加载项",如图 4-3 所示。

4. 在出现的界面中,选择"规划求解加载项",然后单击按钮"转到...",如图 4-4 所示。同样,选择"分析工具库",然后单击按钮"转到..."。

图 4-3 单击"加载项"

图 4-4 选择"规划求解加载项"并单击"转到..."

5. 单击图 4-4 中的"确定"按钮。这时会出现一个小窗口,如图 4-5 所示。确保你勾选了 "规划求解加载项"和"分析工具库"。单击"确定"按钮。

图 4-5 添加"规划求解加载项"和"分析工具库"

6. 单击"数据"选项卡,你应该会看到"数据分析"和"规划求解",如图 4-6 所示。

图 4-6 "规划求解"现在可用

4.3 通过 Excel 学习线性判别分析

Chapter4-1a.xlsx 包含著名的鸢尾花数据集(Iris dataset),该数据集是 LDA 实践的完美样本。在该数据集中,x1、x2、x3、x4 这 4 个属性是花的一些特征,用来判断鸢尾花的类型,即目标变量。这是训练数据集。注意,目标变量有 3 个值,也就是说,目标变量可分为 3 类(类别)。按照以下操作说明来学习 LDA。

1. 打开 Chapter4-1a.xlsx，在单元格 F1 中输入 "y"（不包括引号）。

2. 在单元格 K1、K2、K3 中分别输入 0、1、2。

3. 在单元格 L1、L2、L3 中分别输入 "Iris-setosa""Iris-versicolor""Iris-virginica"，工作表如图 4-7 所示。

	B	C	D	E	F	G	H	I	J	K	L
1	x1	x2	x3	x4	y					0	Iris-setosa
2	5.1	3.5	1.4	0.2						1	Iris-versicolor
3	4.9	3	1.4	0.2						2	Iris-virginica
4	4.7	3.2	1.3	0.2							
5	4.6	3.1	1.5	0.2							
6	5	3.6	1.4	0.2							
7	5.4	3.9	1.7	0.4							
8	4.6	3.4	1.4	0.3							
9	5	3.4	1.5	0.2							

图 4-7　鸢尾花数据集和工作表设置

我们想利用最小二乘法先得到线性函数 P。因此，需要将分类值转换为数值。单元格 K1:L3 定义了以下对应关系：0 ➤ Iris-setosa、1 ➤ Iris-versicolor、2 ➤ Iris-virginica。

4. 在单元格 F2 中，输入以下公式。

```
=IF(A2=L$1,K$1,IF(A2=$L$2,K$2,K$3))
```

5. 从单元格 F2 自动填充至 F151（有 150 个数据点）。工作表的部分内容如图 4-8 所示。

	A	B	C	D	E	F	G	K	L
1	Iris type	x1	x2	x3	x4	y		0	Iris-setosa
2	Iris-setosa	5.1	3.5	1.4	0.2	0		1	Iris-versicolor
3	Iris-setosa	4.9	3	1.4	0.2	0		2	Iris-virginica
4	Iris-setosa	4.7	3.2	1.3	0.2	0			
5	Iris-setosa	4.6	3.1	1.5	0.2	0			
6	Iris-setosa	5	3.6	1.4	0.2	0			
7	Iris-setosa	5.4	3.9	1.7	0.4	0			
8	Iris-setosa	4.6	3.4	1.4	0.3	0			
9	Iris-setosa	5	3.4	1.5	0.2	0			
10	Iris-setosa	4.4	2.9	1.4	0.2	0			
11	Iris-setosa	4.9	3.1	1.5	0.1	0			
12	Iris-setosa	5.4	3.7	1.5	0.2	0			
13	Iris-setosa	4.8	3.4	1.6	0.2	0			
14	Iris-setosa	4.8	3	1.4	0.1	0			

图 4-8　鸢尾花数据集的类别

6. 在单元格 K5:K9 中，分别输入 b、w1、w2、w3、w4。b 代表线性函数 P 的截距，w1、w2、w3、w4 是系数（权重）。

7. 在单元格 L5:L9 中，分别输入 5、4、3、2、1。我们打算利用函数 INDEX 和 LINEST 找出线性函数 P 的系数和截距。函数 LINEST 返回一个包含 5 个元素的数组。这些元素依次为 w4、w3、w2、w1、b。

8. 在单元格 M5 中，输入以下公式。

```
=INDEX(LINEST(F$2:F$151,B$2:E$151,TRUE,TRUE),1,L5)
```

9. 从单元格 M5 自动填充至 M9。工作表的部分内容如图 4-9 所示。单元格 M5:M9 包含线性函数 P 的截距和系数。下一步是应用 P，获得每个数据点的预测值。我们将这些预测值保存在 G 列。

K		L	M
	0	Iris-setosa	
	1	Iris-versicolor	
	2	Iris-virginica	
b		5	0.192083995
w1		4	-0.109741463
w2		3	-0.044240447
w3		2	0.227001382
w4		1	0.60989412

图 4-9   使用最小二乘法获得函数的截距和系数

10. 在单元格 G1 中输入 "Numerical classification"。在单元格 G2 中输入以下公式。

```
=M$6*B2+M$7*C2+M$8*D2+M$9*E2+M$5
```

该公式代表 $w_1x_1 + w_2x_2 + \cdots + w_nx_n + b$。

11. 从单元格 G2 自动填充至 G151。一旦有了每个数据点的预测值，接下来需要做的就是找到截止点，将每个预测值归入特定的鸢尾花类型。

12. 在单元格 K11、L11、M11 中分别输入 "mean" "sample number" "cutoff"（不包括引号）。

13. 在单元格 K12 中输入以下公式。

```
=AVERAGEIFS(G$2:G$151,F$2:F$151,K1)
```

该公式计算 Iris-setosa 的预测值均值。

14. 从 K12 自动填充至 K14。Iris-versicolor 和 Iris-virginica 的预测值均值分别保存在单元格 K13 和 K14 中。

15. 在单元格 L12 中输入以下公式。

```
=COUNTIFS(F$2:F$151,K1)
```

该公式统计训练数据集中 Iris-setosa 的数量。

16. 从 L12 自动填充至 L14。Iris-versicolor 和 Iris-virginica 的数量分别保存在单元格 L13 和 L14 中。

17. 在单元格 M12 中输入以下公式，计算第 1 个截止值。

```
=(K12*L12+K13*L13)/(L12+L13)
```

18. 从单元格 M12 自动填充至 M13。不要自动填充 M14。基于这两个截止值，每个预测值可以被转换成鸢尾花类型。工作表的部分内容如图 4-10 所示。

	G	H	I	J	K	L	M
1	Numerical classification					0	Iris-setosa
2	-0.082658272					1	Iris-versicolor
3	-0.038589756					2	Iris-virginica
4	-0.048189691						
5	0.012608776				b	5	0.192083995
6	-0.076108171				w1	4	-0.109741463
7	0.056802348				w2	3	-0.044240447
8	0.037625916				w3	2	0.227001382
9	-0.044559943				w4	1	0.60989412
10	0.02070502						
11	-0.081303075				mean	sample number	cutoff
12	-0.101728663				-0.027351429	50	0.583253347
13	8.84876E-05				1.193858122	50	1.513675714
14	-0.088605022				1.833493306	50	

图 4-10   计算出的截止值

19. 在单元格 H1 中输入 "Type classification"。

20. 在单元格 H2 中输入如下公式，然后从 H2 自动填充至 H151。

```
=IF(G2<M$12,L$1,IF(G2<M$13,L$2,L$3))
```

上述公式将 G 列中的每个数值转换为鸢尾花类型。粗略地看一下结果便可得知，大多数鸢尾花类型被归入了正确的类别。

21. 为了计算有多少鸢尾花数据点被错误分类，在单元格 I1 中输入 "Difference"。

22. 在 I2 中输入如下公式。

```
=IF(A2=H2,0,1)
```

这个公式将已知的鸢尾花类型与分类的鸢尾花类型进行比较。如果发现不匹配，则返回 1。

23. 从 I2 自动填充至 I151。

24. 选中单元格 K16 和 L16，合并这两个单元格，在其中输入文本 "Difference ="。

25. 在单元格 M16 中输入公式=SUM(I2:I151)，结果如图 4-11 所示。

H	I	J	K	L	M
Type classification	Difference		0	Iris-setosa	
Iris-setosa	0		1	Iris-versicolor	
Iris-setosa	0		2	Iris-virginica	
Iris-setosa	0				
Iris-setosa	0		b	5	0.192084
Iris-setosa	0		w1	4	-0.10974
Iris-setosa	0		w2	3	-0.04424
Iris-setosa	0		w3	2	0.227001
Iris-setosa	0		w4	1	0.609894
Iris-setosa	0				
Iris-setosa	0		mean	sample number	cutoff
Iris-setosa	0		-0.0274	50	0.58325
Iris-setosa	0		1.19386	50	1.51368
Iris-setosa	0		1.83349	50	
Iris-setosa	0				
Iris-setosa	0			Difference=	4

图 4-11　对鸢尾花训练数据集进行 LDA

此次 LDA 相当成功，不过仍有 4 个鸢尾花数据点被错误地分类。注意，数据挖掘方法在训练数据集上漏掉几个数据点是司空见惯的事。但一般来说，我们不应该使用相同的训练数据集来评估一个模型的表现有多好。对同一训练数据集具有完美的分类或预测能力的模型也许存在过拟合，这表明该模型在训练数据上表现得很好，但很可能无法用于未知的评分数据。

如果在单元格 K1:L3 中将 0 分配给 Iris-virginica，将 1 分配给 Iris-versicolor，并将 2 分配给 Iris-setosa，那么我们将得到非常相似的结果。但是，如果在单元格 K1:L3 中将 0 分配给 Iris-virginica，将 1 分配给 Iris-setosa，并将 2 分配给 Iris-versicolor，我们就会发现分类完全乱了。这是在 Excel 中进行 LDA 的一个缺点。

利用构建出的第 1 个模型，也就是找到的初始线性函数 P，我们可以基于 x1、x2、x3、x4 预测鸢尾花类型。可以在文件 Chapter4-1b.xlsx 的工作表 iris-LINEST 中查看预测结果。

公式(4-3)要求最大化 S_g/S_w 的比率。为此，我们需要使用规划求解。注意，我们可以跳过 LINEST，直接使用规划求解获得一个经过优化的参数集。但在 LDA 中，最好在应用规划求解之前先使用最小二乘法。

让我们继续按部就班地执行以下操作步骤。

26. 在单元格 K18、K19、K20 中分别输入"Inter-group variance""Within-group variance""inter/within ratio"。

27. 在单元格 L18 中输入以下公式。

```
=(K12-AVERAGE(K12:K14))^2+(K13-AVERAGE(K12:K14))^2+(K14-AVERAGE(K12:K14))^2
```

该公式计算各组均值之间的方差，即公式(4-1)中的 S_g。这个值越大，说明组间的可分离性越大。注意，单元格 K12、K13、K14 表示组内均值。

28. 在计算组内方差之前，我们必须首先计算每个数据点在其所属组中的方差。在单元格 J1 中输入"Within-g variances"，然后在单元格 J2 中输入以下公式。

```
=IF(F2=K$1,(G2-K$12)^2,IF(F2=K$2,(G2-K$13)^2,(G2-K$14)^2))
```

在此公式中，F 列用于确定每个数据点属于哪个组。注意，F 列代表每个数据点所属的真实组。LDA 是一种监督型分类方法，这里用 F 列比用 G 列更准确。如果 F2=K1，则相应数据点的组内方差由表达式(G2-K12)^2 计算；如果不是，但 F2=K2，方差则由表达式(G2-K13)^2 计算；否则使用表达式(G2-K14)^2。

29. 从 J2 自动填充至 J151。

30. 在单元格 L19 中输入公式=SUM(J2:J151)。这是公式(4-2)中的 S_w。

31. 在单元格 L20 中输入公式=L18/L19。这是需要由规划求解最大化的 $S_g(P)/S_w(P)$。到目前为止，工作表的部分内容如图 4-12 所示。

	J	K	L	M
1	Within-g variances		0	Iris-setosa	
2	0.003058847		1	Iris-versicolor	
3	0.0001263		2	Iris-virginica	
4	0.000434233			
5	0.001596818	b	5	0.192084
6	0.00237722	w1	4	-0.10974
7	0.007081858	w2	3	-0.04424
8	0.004222055	w3	2	0.227001
9	0.000296133	w4	1	0.609894
10	0.002309422			
11	0.00291078	mean	sample number	cutoff
12	0.005531973	-0.027351429	50	0.58325
13	0.000752949	1.193858122	50	1.51368
14	0.003752003	1.833493306	50	
15	0.005547758			
16	0.039858672	Difference=		4
17	0.000265337			
18	4.41796E-05	Inter-group variance	1.787743021	
19	3.22916E-05	Within-group variance	3.65508569	
20	2.84519E-05	inter/within ratio	0.489111111	

图 4-12   计算方差

32. 仅按值将单元格 M5:M9 的内容复制到单元格 N5:N9。记住，使用 Excel 的"选择性粘贴"功能。我们将使用规划求解优化单元格 M5:M9 中的这些值。在此之前，我们要先复制这些值，以便使用规划求解了解它们有什么变化。此时，查看单元格 L18 和 L19 中的值，尝试记住它们。

33. 在"数据"选项卡中找到"规划求解",如图 4-13 所示。

J		K		L	M	N	O
Within-g variances			0	Iris-setosa			
)	0.001211354		1	Iris-versicolor			
)	0.001206741		2	Iris-virginica			
)	5.97451E-05				Obtained-by-Solver	Optimized by LINEST	
)	0.003327966		b	5	0.192083994	0.192083995	
)	0.001616646		w1	4	-0.060753681	-0.109741463	
)	6.41659E-05		w2	3	-0.114783909	-0.044240447	

图 4-13 使用 Excel 的规划求解功能

34. 单击"规划求解"。在出现的窗口中,指定图 4-14 所示的值。"设置目标"指明要优化的值。在本例中,我们需要使 L20 中的值最大化。"规划求解"需要通过更改单元格 M5:M9 中的值来最大化 L20 中的值。我们选择的求解方法是非线性 GRG。

图 4-14 使用规划求解功能优化函数 P 的参数

35. 单击 "求解" 按钮后, 在接下来的窗口中单击 "确定" 按钮, 如图 4-15 所示。

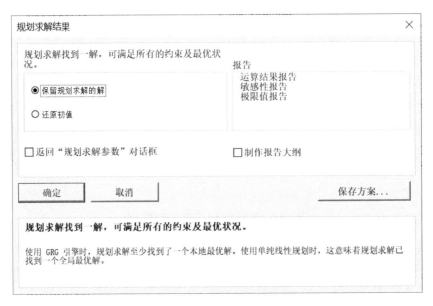

图 4-15 保留规划求解的解

单元格 M5:M9 中的值发生了变化, 单元格 M16 中的值由 4 变为 2, 如图 4-16 所示。

K	L	M	N
0	Iris-setosa		
1	Iris-versicolor		
2	Iris-virginica		
		Obtained-by-Solver	Optimized by LINEST
b	5	0.192083994	0.192083995
w1	4	-0.060753681	-0.109741463
w2	3	-0.114783909	-0.044240447
w3	2	0.162026358	0.227001382
w4	1	0.211629585	0.60989412
mean	sample number	cutoff	
-0.215536129	50	0.134407849	
0.484351827	50	0.631577549	
0.778803272	50		
	Difference =		2

图 4-16 规划求解进一步改善 LDA 模型

尽管新的参数集稍微改善了分类结果,但我们需要密切注意单元格 K12:K14 和 L18:L20 中发生的变化,如图 4-17 所示。显然,组间方差显著下降,但组内方差下降更甚。

	K	L	M
11	mean	sample number	cutoff
12	-0.215536129	50	0.134407849
13	0.484351827	50	0.631577549
14	0.778803272	50	
15			
16	Difference =		2
17			
18	Inter-group variance	0.521751883	
19	Within-group variance	0.808367262	
20	inter/within ratio	0.645439156	

图 4-17　观察参数

为了评估模型质量,我们需要对模型进行交叉验证,并学习 ROC 曲线分析。这些内容将是第 5 章的主题。

4.4　复习要点

1. 对 LDA 的一般性理解

2. 规划求解,包括其安装及使用

3. Excel 函数 INDEX 和 LINEST

4. Excel 函数 IF、COUNTIFS、AVERAGEIFS

第 5 章

交叉验证和 ROC 曲线分析

5.1 对交叉验证的一般性理解

预测模型应该在成功应用于评分数据之前进行验证。将训练数据集作为测试数据集来评估所构建的模型不是一种好的模型验证方法。这种验证策略称为**残差分析**（residual analysis）。它比较的是实际输出和预测输出之间的差异（所谓残差）。在第 4 章中，我们应用残差分析评估了所构建的 LDA 模型的质量。

残差分析无法说明模型在评分数据（目标值未知的未来数据）上的表现。一种解决方案是将未使用的那部分训练数据作为测试数据集（也称为验证数据集）。由于模型没有使用测试数据集进行训练，因此这样的测试数据集可以充当评分数据集，同时还可以告诉我们模型在未知数据上的表现如何。这种验证策略称为**交叉验证**（cross-validation）。

有几种交叉验证方法，最简单的一种是**留出法**（holdout method）。这种方法将经过验证的数据集分为两组：训练数据集和测试数据集。模型在训练数据集上训练，在测试数据集上评估。这种方法比残差分析更可靠，但其性能严重依赖于训练数据集和测试数据集中的内容，也就是说，训练数据集和测试数据集的划分会显著影响模型性能。

k 折交叉验证（k-fold cross-validation）是留出法的改进版本。在 k 折交叉验证中，训练数据被随机分成 k 个子集，执行 k 次留出评估。在每次留出评估中，使用一个子集作为测试数据集用于验证，其他 $k-1$ 个子集则被组合在一起用于训练。在 k 折交叉验证中，每个数据点在测试数据集中使用一次，但在训练数据集中使用 $k-1$ 次。模型的性能基于 k 次评估的整体质量。

最广泛使用的交叉验证方法可能是**留一法**（leave-one-out method，LOO 法），它是 k 折交叉验证的极端版本。在 LOO 交叉验证中，测试数据集每次只包含一个数据点，其余的数据点则被组合在一起作为训练数据集。

5.2 通过 Excel 学习交叉验证

当数据集很大时，如果不涉及 VBA 编程，那么在 Excel 中进行 LOO 交叉验证是不现实的。事实上，在 Excel 中进行 k 折交叉验证也是非常烦琐的。因此，我将仅演示如何使用 Excel 完成交叉验证。不过，Chapter5-cv-1c.xlsx 文件演示了使用 LDA 进行 5 折交叉验证。

在第 4 章中，我们学习了如何对鸢尾花数据集进行线性判别分析。在本章中，鸢尾花数据集被分为两个子集：训练数据集和测试数据集。使用随机算法挑选大约三分之二的数据点组成训练数据集，并将其余的作为测试数据集。

打开文件 Chapter5-cv-1a.xlsx，你会发现它共有两张工作表：包含 103 条数据记录的 training_dataset 和包含 47 条数据记录的 testing_dataset。按照在第 4 章中学到的 LDA 相关知识，我们利用函数 LINEST 在工作表 training_dataset 中查找函数 P 的参数集(w_1, w_2, $\cdots$, w_n, b)。工作表应该如图 5-1 所示。注意，在训练数据集中只有 103 个数据点。

	A	B	C	D	E	F	G	H	I	J	K	L	M
1	Iris type	x1	x2	x3	x4	y	Numerical cl	Type classific	Difference		0	Iris-setosa	
2	Iris-setosa	4.6	3.1	1.5	0.2	0	0.03	Iris-setosa	0		1	Iris-versicolor	
3	Iris-setosa	4.6	3.4	1.4	0.3	0	0.06	Iris-setosa	0		2	Iris-virginica	
4	Iris-setosa	4.8	3.4	1.6	0.2	0	0.02	Iris-setosa	0				Obtained-by-LINEST
5	Iris-setosa	5.7	4.4	1.5	0.4	0	-0.05	Iris-setosa	0		b	5	0.35469596
6	Iris-setosa	4.8	3.4	1.9	0.2	0	0.10	Iris-setosa	0		w1	4	-0.178346893
7	Iris-setosa	5.2	4.1	1.5	0.1	0	-0.14	Iris-setosa	0		w2	3	-0.00549763
8	Iris-setosa	5.1	3.8	1.5	0.3	0	0.00	Iris-setosa	0		w3	2	0.267646734
9	Iris-setosa	5.1	3.3	1.7	0.5	0	0.17	Iris-setosa	0		w4	1	0.579921945
10	Iris-setosa	5.4	3.4	1.5	0.4	0	0.01	Iris-setosa	0				
11	Iris-setosa	4.9	3.1	1.5	0.1	0	-0.08	Iris-setosa	0		mean	sample numbe	cutoff
12	Iris-setosa	4.6	3.2	1.4	0.2	0	0.01	Iris-setosa	0		-0.02	35	0.557350986
13	Iris-setosa	5.4	3.9	1.7	0.4	0	0.06	Iris-setosa	0		1.17	33	1.526466881
14	Iris-setosa	4.8	3	1.4	0.1	0	-0.09	Iris-setosa	0		1.86	35	
15	Iris-setosa	5.1	3.5	1.4	0.3	0	-0.03	Iris-setosa	0				
16	Iris-setosa	5.7	3.8	1.7	0.3	0	-0.05	Iris-setosa	0		difference=		2

图 5-1 对训练数据集应用 LDA

同样，LDA 在鸢尾花数据集上表现良好，只有两处预测错误。然而，图 5-1 中的验证结果是通过残差分析获得的。

按照以下操作说明在 Excel 中完成交叉验证。

1. 在工作表 training_dataset 中，将参数集$(w_1, w_2, \cdots, w_n, b)$保存在单元格 M5:M9 中，截止点则由单元格 M12 和 M13 引用。选中单元格 K1:M16，然后复制。

2. 单击工作表 testing_dataset，将其打开。

3. 在工作表 testing_dataset 中，右键单击单元格 K1，使用"选择性粘贴"将值复制进该单元格。记住，只粘贴值。

   工作表 testing_dataset 应该如图 5-2 所示。

▲	A	B	C	D	E	F	G	H	I	J	K	L	M
1	Iris type	x1	x2	x3	x4						0	Iris-setosa	
2	Iris-setosa	5	3	1.6	0.2						1	Iris-versicolor	
3	Iris-setosa	5.2	3.5	1.5	0.2						2	Iris-virginica	
4	Iris-setosa	4.9	3.1	1.5	0.1								Obtained-by-LINEST
5	Iris-setosa	5	3.5	1.3	0.3						b	5	0.35469596
6	Iris-setosa	5.1	3.8	1.9	0.4						w1	4	-0.178346893
7	Iris-setosa	5	3.3	1.4	0.2						w2	3	-0.00549763
8	Iris-setosa	5	3.4	1.5	0.2						w3	2	0.267646734
9	Iris-setosa	4.3	3	1.1	0.1						w4	1	0.579921945
10	Iris-setosa	5.8	4	1.2	0.2								
11	Iris-setosa	5.1	3.7	1.5	0.4						mean	sample numl	cutoff
12	Iris-setosa	5.1	3.4	1.5	0.2						-0.02	35	0.557350986
13	Iris-setosa	5	3.5	1.6	0.6						1.173	33	1.526466881
14	Iris-setosa	4.9	3.1	1.5	0.1						1.86	35	
15	Iris-setosa	4.5	2.3	1.3	0.3								
16	Iris-setosa	5.4	3.7	1.5	0.2							Difference=	2

图 5-2   将 LDA 参数集复制到测试工作表中

4. 在单元格 G1:I1 中分别输入"Numerical classification""Type classification""Difference"。

5. 在单元格 G2 中输入以下公式。

   =M$6*B2+M$7*C2+M$8*D2+M$9*E2+M$5

6. 从单元格 G2 自动填充至 G48。

7. 在单元格 H2 中输入以下公式。

```
=IF(G2<M$12,L$1,IF(G2<M$13,L$2,L$3))
```

8. 从单元格 H2 自动填充至 H48。

9. 在单元格 I2 中输入公式=IF(A2=H2,0,1)，按 Enter 键，然后从 I2 自动填充至 I48。

10. 最后，在单元格 M16 中输入公式=SUM(I2:I48)。

现在，工作表 testing_dataset 应该如图 5-3 所示。上述过程将通过训练数据集获得的参数集（包括系数、截距和截止值）应用于测试数据集。它将实际的鸢尾花类型（在 A 列中）与预测类型（在 H 列中）进行比较。有两个样本出现了预测错误。由于训练数据集和测试数据集之间没有共同的数据点，因此通过测试数据集进行的验证是真正的交叉验证。

	A	B	C	D	E	F	G	H	I	J	K	L	M
1	Iris type	x1	x2	x3	x4		Numerical classific	Type classifica	Difference		0	Iris-setosa	
2	Iris-setosa	5	3	1.6	0.2		-0.009312232	Iris-setosa	0		1	Iris-versicolor	
3	Iris-setosa	5.2	3.5	1.5	0.2		-0.074495099	Iris-setosa	0		2	Iris-virginica	
4	Iris-setosa	4.9	3.1	1.5	0.1		-0.076784174	Iris-setosa	0				Obtained-by-LINEST
5	Iris-setosa	5	3.5	1.3	0.3		-0.034362872	Iris-setosa	0		b	5	0.35469596
6	Iris-setosa	5.1	3.8	1.9	0.4		0.164733384	Iris-setosa	0		w1	4	-0.178346893
7	Iris-setosa	5	3.3	1.4	0.2		-0.064490868	Iris-setosa	0		w2	3	-0.00549763
8	Iris-setosa	5	3.4	1.5	0.2		-0.038275957	Iris-setosa	0		w3	2	0.267646734
9	Iris-setosa	4.3	3	1.1	0.1		-0.076284968	Iris-setosa	0		w4	1	0.579921945
10	Iris-setosa	5.8	4	1.2	0.2		-0.26454607	Iris-setosa	0				
11	Iris-setosa	5.1	3.7	1.5	0.4		0.058224454	Iris-setosa	0		mean	sample num	cutoff
12	Iris-setosa	5.1	3.4	1.5	0.2		-0.056110647	Iris-setosa	0		-0.02	35	0.557350986
13	Iris-setosa	5	3.5	1.6	0.6		0.219907731	Iris-setosa	0		1.173	33	1.526466881
14	Iris-setosa	4.9	3.1	1.5	0.1		-0.076784174	Iris-setosa	0		1.86	35	
15	Iris-setosa	4.5	2.3	1.3	0.3		0.06140773	Iris-setosa	0				
16	Iris-setosa	5.4	3.7	1.5	0.2		-0.111264003	Iris-setosa	0			Difference=	2

图 5-3　使用测试数据集进行交叉验证

11. 我们当然可以在工作表 training_dataset 中进一步优化 LDA 模型。按照我们在第 4 章中学习的过程，将规划求解应用于训练数据集。

回忆一下，在第 4 章中，使用规划求解优化模型后，组间方差显著下降。但是，对于这个较小的训练数据集，在应用规划求解优化模型后，组间方差显著增大。这是一个很好的例子，它说明数据样本在数据挖掘中非常重要。部分结果如图 5-4 所示。

	K	L	M	N
	0	Iris-setosa		
	1	Iris-versicolor		
	2	Iris-virginica		
			Obtained-by-Solver	Optimized by LINEST
	b	5	0.35469596	0.35469596
	w1	4	-0.175593016	-0.178346893
	w2	3	-0.260502399	-0.00549763
	w3	2	0.409467301	0.267646734
	w4	1	0.529952989	0.579921945
mean		sample number	cutoff	
-0.692021015		35	0.137766368	
1.017843895		33	1.424748555	
1.80840152		35		
		Difference=		2
Inter-group variance		3.266910741		
Within-group variance		3.366757214		
inter/within ratio		0.970343429		

图 5-4   在训练数据集中通过规划求解获得的参数集

12. 将参数集应用于测试数据集（将工作表 training_dataset 中经过规划求解优化过的单元格 M5:M9 中的值复制到工作表 testing_dataset 中），结果如图 5-5 所示。

	H	I	J	K	L	M
1	Type classification	Difference		0	Iris-setosa	
2	Iris-setosa	0		1	Iris-versicolor	
3	Iris-setosa	0		2	Iris-virginica	
4	Iris-setosa	0				Optimized by Solver
5	Iris-setosa	0		b	5	0.35469596
6	Iris-setosa	0		w1	4	-0.175593016
7	Iris-setosa	0		w2	3	-0.260502399
8	Iris-setosa	0		w3	2	0.409467301
9	Iris-setosa	0		w4	1	0.529952989
10	Iris-setosa	0				
11	Iris-setosa	0		mean	sample number	cutoff
12	Iris-setosa	0		-0.02285	35	0.557350986
13	Iris-setosa	0		1.172716	33	1.526466881
14	Iris-setosa	0		1.860004	35	
15	Iris-setosa	0				
16	Iris-setosa	0			Difference=	1

图 5-5   使用测试数据集进行交叉验证

完整的结果详见文件 Chapter5-cv-1b.xlsx。

记住，在交叉验证中，只有经过验证的部分数据被用于构建模型，其余部分则被用于测试模型。一旦确认数据挖掘方法（例如 LDA）的性能可以接受，就应该使用该方法基于整个经过验证的数据集生成最终的模型（或参数集）。

5.3 对 ROC 曲线分析的一般性理解

受试者操作特征（receiver operating characteristic，ROC）曲线分析是另一种常用的模型性能评估方法。不同于交叉验证，ROC 曲线分析只适用于目标变量正好有两个值的情况，比如真和假，或正和负。由于这个原因，ROC 曲线分析不能用于评估先前的鸢尾花数据集 LDA 模型。

ROC 曲线分析广泛用于生物医学模型评估，其中诊断测试必须确定样本对于疾病是阳性还是阴性。以下场景有助于解释如何应用 ROC 曲线分析。

假设我们的研究发现某些血液特征与某种疾病密切相关。让我们将这些特征命名为 C1、C2、C3、C4，并把疾病命名为 D。我们开发了一个基于 C1、C2、C3、C4 的 LDA 模型来判断受试者是否患有该疾病。一个完美的模型能够在一大群人中清楚地将患病者和未患病者区分开来。遗憾的是，由于存在分类错误，清晰无误的区分在现实中并不存在。在患有该疾病的群体中，有些人被正确地分类为阳性（真阳性，即 TP），而有些人被错误地分类为阴性（假阴性，即 FN）。同样，在没有患病的群体中，有些人被正确地分类为阴性（真阴性，即 TN），而有些人则被错误地分类为阳性（假阳性，即 FP）。通过调整截止值，TP、FN、FP 和 TN 的数量会发生变化。

以下概念对于理解和应用 ROC 曲线分析至关重要。

- ❏ 灵敏性是指疾病存在时检测结果呈阳性的概率，也称为真阳性率，定义为 TP/(TP + FN)。它仅衡量能够通过测试来正确分类的患病个体所占的百分比。
- ❏ 特异性是指疾病不存在时检测结果呈阴性的概率，也称为真阴性率，定义为 TN/(TN + FP)。
- ❏ 假阳性率是指疾病不存在时，检测结果呈阳性的概率。假阳性率 = 1 − 真阴性率。
- ❏ 阳性预测值是指当检测结果呈阳性时疾病存在的概率，表示为 TP/(TP + FP)。
- ❏ 阴性预测值是指当检测结果为阴性时疾病不存在的概率，表示为 TN/(TN + FN)。

考虑当检测结果显示每个人都为阳性时的极端情况。在这种情况下，FN = 0，TN = 0，特异性 = 0，但灵敏性 = 100%。

在另一种极端情况下，当检测结果显示每个人都为阴性时，特异性 = 100%，而灵敏性 = 0。

通过调整截止值，灵敏性和特异性都会发生变化。在大多数情况下，我们观察到，当灵敏性上升时，特异性下降。一个良好的模型具有可以保持高灵敏性和高特异性的截止值。然而，有些测试可能强调高阳性预测值或高阴性预测值。

5.4　通过 Excel 学习 ROC 曲线分析

文件 Chapter5-roc-1a.xlsx 中的数据是模拟的，其中 TP、FN、FP、TN 随着截止值的不同而变化，如图 5-6 所示。虽然该文件中有 19 条记录，但图 5-6 只显示了 11 条记录。第 8 ~ 15 条记录被隐藏了。

	A	B	C	D	E
1	True Positive	Fasle Negative	False Positive	True Negative	
2	TP	FN	FP	TN	Cut-off
3	552	48	384	16	1
4	552	48	382	18	1.5
5	552	48	380	20	2
6	547	53	360	40	2.5
7	546	54	352	48	3
16	390	210	48	352	7.5
17	342	258	28	372	8
18	312	288	24	376	8.5
19	258	342	20	380	9
20	243	357	18	382	9.5
21	183	417	10	390	10

图 5-6　Chapter5-roc-1a.xlsx 中的训练数据集

我们想绘制一张图表来查看灵敏性和特异性如何随着不同的截止值而变化。按照以下操作说明动手试试。

1. 在单元格 F2 和 G2 中分别输入 "sensitivity" 和 "specificity"。

2. 在单元格 F3 中输入公式=A3/(A3+B3)。该公式计算当截止值为 1 时的灵敏性。从 F3 自动填充至 F21。

3. 在单元格 G3 中输入公式=D3/(C3+D3)。该公式计算当截止值为 1 时的特异性。从 G3 自动填充至 G21。

4. 选中单元格 E2:G21，单击"插入"选项卡 ▶ 选择"图表" ▶ 选择"带平滑线和数据标记的散点图"。一张散点图会出现在工作表中。

5. 我们可以根据需要添加轴标题和图表标题。默认情况下，纵轴的边界最大值为 1.2。不过，我更喜欢将它设置为 1.0，因此双击值 1.2，然后在"坐标轴选项"中将边界最大值更改为 1.0。

我们的图表看起来如图 5-7 所示（包括相关数据）。注意，两条曲线相交于一点。交叉点对应灵敏性等于特异性的截止值。

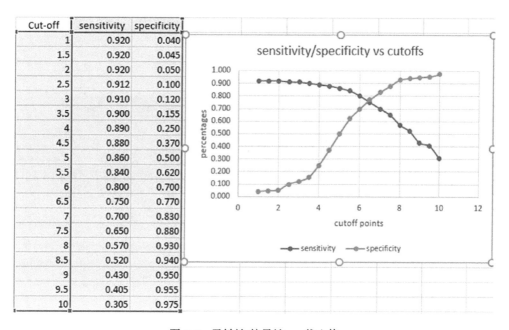

Cut-off	sensitivity	specificity
1	0.920	0.040
1.5	0.920	0.045
2	0.920	0.050
2.5	0.912	0.100
3	0.910	0.120
3.5	0.900	0.155
4	0.890	0.250
4.5	0.880	0.370
5	0.860	0.500
5.5	0.840	0.620
6	0.800	0.700
6.5	0.750	0.770
7	0.700	0.830
7.5	0.650	0.880
8	0.570	0.930
8.5	0.520	0.940
9	0.430	0.950
9.5	0.405	0.955
10	0.305	0.975

图 5-7　灵敏性/特异性 vs. 截止值

下一步是绘制 ROC 曲线。ROC 曲线被绘制为假阳性率 vs. 真阳性率，即(1 − 特异性) vs. 灵敏性。为了使图表更加直观，我们将所有值都乘以 100。因此，ROC 曲线实际上是(100 − 100 × 特异性) vs. (100 × 灵敏性)。

在 ROC 曲线图中，横轴表示 100-specificity，代表(100 − 100 × 特异性)。因此，特异性的值应该按降序排列。由于当前特异性的值是按升序排列的，因此我们需要将其翻转。

同样，我们也需要翻转灵敏性的值。为此，按照以下操作说明继续。

6. 选中单元格 E2:G21，使用"选择性粘贴"仅将值粘贴至单元格 A25。

7. 选中单元格 A25:C44，单击"数据"选项卡 ➤ 单击"排序"。

8. 在出现的窗口中，将"主要关键字"设为 Cut-off，将"次序"设为降序，如图 5-8 所示。
   确保选中"数据包含标题"，然后单击"确定"按钮。

图 5-8　按 Cut-off 将数据排序

工作表的部分内容如图 5-9 所示。

	A	B	C
25	Cut-off	sensitivity	specificity
26	10	0.305	0.975
27	9.5	0.405	0.955
28	9	0.43	0.95
29	8.5	0.52	0.94
30	8	0.57	0.93
31	7.5	0.65	0.88
32	7	0.7	0.83
33	6.5	0.75	0.77
34	6	0.8	0.7
35	5.5	0.84	0.62
36	5	0.86	0.5
37	4.5	0.88	0.37
38	4	0.89	0.25
39	3.5	0.9	0.155
40	3	0.91	0.12
41	2.5	0.9116667	0.1
42	2	0.92	0.05
43	1.5	0.92	0.045
44	1	0.92	0.04

图 5-9　翻转后的数据

Excel 可以只对选定的单元格进行排序，而其他单元格则保持不变。这是 Excel 的一大特点。如果要排序的单元格中有公式引用了排序区域之外的其他单元格，排序操作就会扰乱一些计算结果。这就是为什么我们需要先按值复制 E2:G21，再对复制的值进行排序。

我们还需要扩大数据规模。按照以下操作说明继续。

9. 在单元格 D25 和 E25 中分别输入"100-specificity"和"sensitivity"。

10. 在单元格 D26 中输入公式=100-ROUND(C26*100,0)。该公式将特异性的当前值乘以 100，四舍五入，然后用 100 减去该值。

11. 从单元格 D26 自动填充至 D44。

12. 在单元格 E26 中输入公式=ROUND(100*B26,0)。

13. 从单元格 E26 自动填充至 E44。

14. 右键单击行号 26，选择"插入"。该操作会插入一个空行。原先的单元格 D26 现在变为 D27。

15. 在单元格 D26 和 E26 中输入 0。

工作表的部分内容如图 5-10 所示。

	A	B	C	D	E
25	Cut-off	sensitivity	specificity	100-specificity	sensitivity
26				0	0
27	10	0.305	0.975	2	31
28	9.5	0.405	0.955	4	41
29	9	0.430	0.950	5	43
30	8.5	0.520	0.940	6	52
31	8	0.570	0.930	7	57
32	7.5	0.650	0.880	12	65
33	7	0.700	0.830	17	70
34	6.5	0.750	0.770	23	75
35	6	0.800	0.700	30	80
36	5.5	0.840	0.620	38	84
37	5	0.860	0.500	50	86

图 5-10　为 ROC 曲线设置数据

接下来是绘制 ROC 曲线的最后几步。

16. 选中单元格 D25:E45。

17. 单击"插入"选项卡 ➤ 选择"图表" ➤ 选择"带平滑线和数据标记的散点图"。

18. 根据需要添加轴标题和图表标题。我们的 ROC 曲线应该如图 5-11 所示。

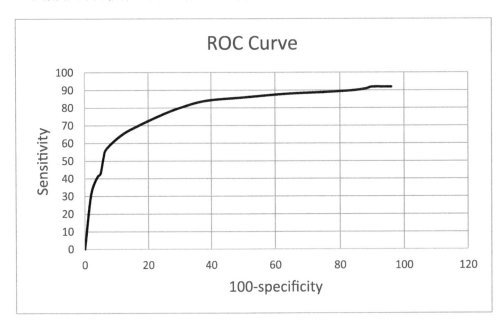

图 5-11   ROC 曲线

ROC 曲线下的面积大小衡量了模型的质量。较大的面积值表明该模型同时具有良好的灵敏性和特异性。在一个完美的模型中,灵敏性和特异性都是 100%。这意味着,当 100-specificity 等于 0 时,灵敏性为 100。换句话说,一个完美模型的 ROC 曲线会穿过左上角的顶点。不过这种情况很少见。

文件 Chapter5-roc-1b.xlsx 包含上述练习的结果。

以上就是本章的全部内容。为什么我们要先学习交叉验证和 ROC 曲线分析,再学习其他数据挖掘方法呢?一旦掌握了交叉验证和 ROC 曲线分析,我们就可以在学习其他数据挖掘方法时运用这些知识。接下来,我们将学习 logistic 回归、k 最近邻、朴素贝叶斯分类、决策树等。在某一刻,我们可能需要评估模型的性能,那时交叉验证和 ROC 曲线分析就有用武之地了。

5.5　复习要点

1. 残差分析

2. 测试数据集

3. 交叉验证中的留出法

4. k 折交叉验证和 LOO 交叉验证

5. ROC

6. 真阳性、假阳性、真阴性和假阴性

7. 灵敏性和特异性

8. ROC 曲线

9. Excel 技能和函数：

    a. 排序

    b. 散点图

    c. 函数 IF 和 ROUND

第6章

logistic 回归

6.1 一般性理解

logistic 回归可被视为一种特殊的线性回归，即预测结果是分类值。如果只有两个结果，则 logistic 回归称为**二分类 logistic 回归**（binomial logistic regression），这是最流行的一种类型。如果有两个以上的结果，则 logistic 回归称为**多分类 logistic 回归**（multinomial logistic regression）。在本章中，我们将在 Excel 中学习二分类 logistic 回归。

二分类 logistic 回归也可被视为 LDA 的一种特殊情况，但在数据组之间实现良好的可分离性时，二者的机制不同。

logistic 回归的名称来源于模型中使用了 logistic 函数这一事实。公式(6-1)显示了 logistic 函数的一般形式，其中 a、b 和 c 都是正数。

$$f(x) = \frac{c}{1 + a \cdot b^{-kx}} \tag{6-1}$$

众所周知的 sigmoid 函数是 logistic 函数的一个特例，如公式(6-2)所示。

$$s(x) = \frac{1}{1 + e^{-x}} \tag{6-2}$$

logistic 回归是一种统计模型，它能够估计事件发生的概率。令 1 表示事件发生，令 0 表示事件未发生。因此，$P(1)$ 是事件发生的概率，$P(0) = 1 - P(1)$。$\dfrac{P(1)}{1 - P(1)}$ 是事件发生的胜算率。

假设事件的发生依赖于变量 $x_1, x_2, \cdots, x_n$。在 logistic 回归中，胜算率的对数是 x_i 的线性函数，如公式(6-3)所示。

$$\ln\left(\frac{P(1)}{1-P(1)}\right) = m_1x_1 + m_2x_2 + \cdots + m_nx_n + b \tag{6-3}$$

求解 $P(1)$，我们可以得到公式(6-4)所示的 logistic 函数。

$$P(1) = \frac{1}{1 + \mathrm{e}^{-(m_1x_1 + m_2x_2 + \cdots + m_nx_n + b)}} \tag{6-4}$$

logistic 回归并不是通过优化系数 $m_1, m_2, \cdots, m_n, b$（我们在此将 b 也当作系数）来最大化 $P(1)$ 的值。相反，它尝试最大化与每个样本相关的倾向性（更准确地说，是似然性）。如果某个样本没有发生该事件，那么该样本的似然性为 $1 - P(1)$。如果某个样本确实发生了该事件，则该样本的似然性为 $P(1)$。logistic 回归试图最大化所有样本的似然性。通过最大化似然性，logistic 回归实现了两组之间良好的可分离性。

基于这种理解，我们的 logistic 回归方法是先使用线性回归获得一组系数，然后应用规划求解，通过最大化整体似然性来优化这些系数。

6.2 通过 Excel 学习 logistic 回归

文件 Chapter6-1a.xlsx 中的数据模拟了以下场景：

> 假设有 5 种基因，其表达水平可以用来预测患有某种癌症的人的 5 年生存概率。
> 值为 1 表示患者确实存活了 5 年，值为 0 表示患者未能存活 5 年。

该文件包含 87 个样本，工作表顶部有 4 个空行。这些空行是有意留在那里的。

基于最小二乘法，我们再次使用 Excel 函数 INDEX 和 LINEST 来获得系数。由于 LINEST 首先返回的是 Gene5 的值，并且最后一个值是系数 b，因此我们需要像图 6-1 所示的那样将上面的两行设置为空行。这样做是为了方便以后自动填充。

◢	A	B	C	D	E	F	G
1		5	4	3	2	1	6
2		m1	m2	m3	m4	m5	b
3							
4							
5	PatientID	Gene1	Gene2	Gene3	Gene4	Gene5	5-year survival
6	1	92.0826	443.3735	350.9466	11.1876	77.926	0
7	2	97.1228	29.21562	2.579007	301.8684	171.9968	0
8	3	7.73995	42.36842	39.90712	9.2879	104.2632	1
9	4	60.2125	25.63164	2.420307	14.1677	94.6316	1
10	5	385.4766	20.32964	5.831751	35.4298	71.0588	0
11	6	476.644	12.48745	4.406125	50.444	104.7838	0

图 6-1   设置最小二乘法系数的数据

按照以下操作说明在 Excel 中练习 logistic 回归。

1. 在单元格 B3 和 B4 中输入以下公式。

   `=INDEX(LINEST($G$6:$G$92,$B$6:$F$92),1,B1)`

   之所以在两个单元格中输入相同的公式，是因为我们希望一组系数保持不变，而让规划求解修改另一组系数。

2. 从 B3 自动填充至 G3，从 B4 自动填充至 G4。

3. 在单元格 H5 中输入文本 "m1x1+m2x2+…+b"。H 列代表公式(6-3)中等号右侧的表达式。

4. 在单元格 H6 中输入以下公式并自动填充至 H92。

   `=$G$4+SUMPRODUCT($B$4:$F$4,B6:F6)`

   函数 SUMPRODUCT 计算两个数组的乘积。注意，绝对引用用于单元格引用 B4、F4、G4。

5. 在单元格 I5 中输入文本 "P(1)"。I 列代表根据 H 列中的值计算的 5 年生存概率。

6. 在单元格 I6 中输入以下公式并自动填充至 I92。

   `=1/(1+EXP(0-H6))`

   上述公式实现了公式(6-4)。(0-H6)代表$-(m_1x_1 + m_2x_2 + \cdots + m_nx_n + b)$，EXP(0-H6)代表 $e^{-(m_1x_1+m_2x_2+\cdots+m_nx_n+b)}$。函数 EXP 返回常数 e（自然对数的底）的幂。现在，工作表的部分内容应该如图 6-2 所示。

▲	A	B	C	D	E	F	G	H	I
1		5	4	3	2	1	6		
2		m1	m2	m3	m4	m5	b		
3		-0.00032	0.00301	-0.00513	-0.00051	-0.00074	0.535574025		
4		-0.00032	0.00301	-0.00513	-0.00051	-0.00074	0.535574025		
5	patientID	gene1	gene2	gene3	gene4	gene5	5-year survival	m1x1+m2x2+	P(1)
6	1	92.0826	443.3735	350.9466	11.1876	77.926	0	-0.02392719	0.494018
7	2	97.1228	29.21562	2.579007	301.8684	171.9968	0	0.298006125	0.573955
8	3	7.73995	42.36842	39.90712	9.2879	104.2632	1	0.373754353	0.592366
9	4	60.2125	25.63164	2.420307	14.1677	94.6316	1	0.503845363	0.623363
10	5	385.4766	20.32964	5.831751	35.4298	71.0588	0	0.374075115	0.592443
11	6	476.644	12.48745	4.406125	50.444	104.7838	0	0.296268835	0.57353
12	7	25.89	18.49515	28.72168	6.4724	78.3981	0	0.374183693	0.59247

图 6-2　计算 $P(1)$

此时，我们很想知道最小二乘法产生的系数能在多大程度上区分两组患者：存活 5 年的患者和未能存活 5 年的患者。

7. 在单元格 J5 中输入文本 "Outcome"，在 J6 中输入公式=IF(I6<=0.5,0,1)。该公式指定如果 I 列中的概率小于或等于 0.5（此处 0.5 是截止值），那么预测结果为 0，否则为 1。

8. 从单元格 J6 自动填充至 J92。

9. 在单元格 K5 中输入文本 "Difference"，在 K6 中输入公式=IF(G6=J6,0,1)。该公式断言，如果 J 列中的预测结果与 G 列中的实际结果匹配，就返回 0，否则返回 1。

10. 从单元格 K6 自动填充至 K92。

11. 在单元格 J2 中输入文本 "total diff="，在单元格 K2 中输入公式=SUM(K6:K92)。通过计算数组 K6:K92 中有多少个 1，我们可以知道有多少预测结果与实际结果不符。

注意，单元格 K2 中的值是 53。这表明 87 个样本中有 53 个被错误分类。图 6-3 显示了当前工作表的部分内容。

	D	E	F	G	H	I	J	K
1	3	2	1	6				
2	m3	m4	m5	b			total diff=	53
3	-0.00513	-0.00051	-0.00074	0.535574025				
4	-0.00513	-0.00051	-0.00074	0.535574025				
5	gene3	gene4	gene5	5-year survival	m1x1+m2x2+	P(1)	Outcome	Difference
6	350.9466	11.1876	77.926	0	-0.02392719	0.494018	0	0
7	2.579007	301.8684	171.9968	0	0.298006125	0.573955	1	1
8	39.90712	9.2879	104.2632	1	0.373754353	0.592366	1	0
9	2.420307	14.1677	94.6316	1	0.503845363	0.623363	1	0
10	5.831751	35.4298	71.0588	0	0.374075115	0.592443	1	1
11	4.406125	50.444	104.7838	0	0.296268835	0.57353	1	1
12	28.72168	6.4724	78.3981	0	0.374183693	0.59247	1	1
13	1.019015	24.3784	146.7328	1	0.410278594	0.601155	1	0

图 6-3   检查临时分类结果

如果你的工作表与图 6-3 所示的结果不同，请再检查一遍公式，尤其是单元格 H6:K6 中的公式。图 6-4 展示了目前为止输入的一些公式。确保你的公式与图 6-4 中的相同。

	H	I	J	K
1				
2			total Diff =	=SUM(K6:K92)
3				
4				
5	m1x1+m2x2+...+b	P(1)	Outcome	Difference
6	=$G$4+SUMPRODUCT($B$4:$F$4, B6:F6)	=1/(1+EXP(0-H6))	=IF(I6<=0.5,0,1)	=IF(G6=J6,0,1)
7	=$G$4+SUMPRODUCT($B$4:$F$4, B7:F7)	=1/(1+EXP(0-H7))	=IF(I7<=0.5,0,1)	=IF(G7=J7,0,1)
8	=$G$4+SUMPRODUCT($B$4:$F$4, B8:F8)	=1/(1+EXP(0-H8))	=IF(I8<=0.5,0,1)	=IF(G8=J8,0,1)
9	=$G$4+SUMPRODUCT($B$4:$F$4, B9:F9)	=1/(1+EXP(0-H9))	=IF(I9<=0.5,0,1)	=IF(G9=J9,0,1)
10	=$G$4+SUMPRODUCT($B$4:$F$4, B10:F10)	=1/(1+EXP(0-H10))	=IF(I10<=0.5,0,1)	=IF(G10=J10,0,1)
11	=$G$4+SUMPRODUCT($B$4:$F$4, B11:F11)	=1/(1+EXP(0-H11))	=IF(I11<=0.5,0,1)	=IF(G11=J11,0,1)
12	=$G$4+SUMPRODUCT($B$4:$F$4, B12:F12)	=1/(1+EXP(0-H12))	=IF(I12<=0.5,0,1)	=IF(G12=J12,0,1)
13	=$G$4+SUMPRODUCT($B$4:$F$4, B13:F13)	=1/(1+EXP(0-H13))	=IF(I13<=0.5,0,1)	=IF(G13=J13,0,1)

图 6-4   检查到目前为止输入的公式

12. 继续在单元格 L5 中输入文本"Propensity"。

13. 在单元格 L6 中输入公式=IF(G6=1,I6,1-I6)。该公式断言，如果实际结果为 1，那么倾向性（似然性）为 I6，否则为 1 - I6。

14. 从单元格 L6 自动填充至 L92。

15. 我们需要把所有的倾向值视为一个整体。实现方法有多种，比如将 L6:L92 中的所有值相加，或者计算 L6:L92 的乘积。我在此介绍的方法是求出所有倾向值的对数之和。在单元格 M5 中输入文本 "Ln(Propensity)"，在单元格 M6 中输入公式=LN(L6)。

16. 从单元格 M6 自动填充至 M92。

17. 在单元格 L1 中输入文本 "To-Maximize"。

18. 在单元格 M1 中输入公式=SUM(M6:M92)。单元格 M1 中保存了将由规划求解最大化的值。

    工作表的部分内容应该如图 6-5 所示。

	I	J	K	L	M
1				To-Maximize	-63.03342831
2		total diff=	53		
3					
4					
5	P(1)	Outcome	Difference	Propensity	Ln(Propensity)
6	0.494018	0	0	0.505981513	-0.681255147
7	0.573955	1	1	0.426044975	-0.853210364
8	0.592366	1	0	0.59236585	-0.523630845
9	0.623363	1	0	0.623362579	-0.47262694
10	0.592443	1	1	0.407556698	-0.897575219
11	0.57353	1	1	0.42646985	-0.852213607
12	0.59247	1	1	0.407530482	-0.897639547
13	0.601155	1	0	0.601154678	-0.508903009

图 6-5　计算倾向值

19. 下一步是使用规划求解最大化单元格 M1 中的值。选中单元格 M1 ➤ 单击 "数据" 选项卡 ➤ 单击 "规划求解"。

20. 在出现的窗口中选择正确的单元格并设置要求，如图 6-6 所示。

    a. 在 "设置目标" 中选择单元格$M$1。

    b. 在 "通过更改可变单元格" 中选择$B$4:$G$4。

    c. 选择 "最大值"。

    d. 选择 "非线性 GRG" 作为求解方法。

图 6-6   使用规划求解最大化倾向值

21. 单击"求解"按钮。这时会出现另一个窗口，确保选择"保留规划求解的解"，如图 6-7 所示。

图 6-7   保留规划求解的解

　　错误分类样本的数量减少到 12 个，如图 6-8 所示（单元格 K2）。注意，单元格 B4:G4 中的值发生了变化，也就是经过规划求解优化，使单元格 M1 中的值最大化。它们与 B3:G3 中的值不同。

	F	G	H	I	J	K	L	M
1	1	6					To-Maximize	-28.72108934
2	m5	b			total diff=	12		
3	-0.00074	0.535574025						
4	-0.0038	4.222998782						
5	gene5	5-year survival	m1x1+m2x2+	P(1)	Outcome	Difference	Propensity	Ln(Propensity)
6	77.926	0	-35.6743173	3.21E-16	0	0	1	-3.33067E-16
7	171.9968	0	-2.12584833	0.10661	0	0	0.893390231	-0.112731805
8	104.2632	1	-0.64295318	0.344579	0	1	0.344579274	-1.065431101
9	94.6316	1	2.049299492	0.885877	1	0	0.885876817	-0.121177371
10	71.0588	0	-4.98784912	0.006774	0	0	0.993225883	-0.006797165
11	104.7838	0	-6.92886152	0.000978	0	0	0.999021843	-0.000978636
12	78.3981	0	0.392794501	0.596955	1	1	0.403044763	-0.908707649
13	146.7328	1	0.27970126	0.569473	1	0	0.569472982	-0.563043938

图 6-8　logistic 回归的结果

　　回想一下第 15 步，我提到过可以用不同的方法计算单元格 M1 的值。举例来说，在单元格 M1 中输入公式=SUM(L6:L92)或=PRODUCT(L6:L92)，然后使用规划求解，通过优化单元格 B4:G4 中的系数来最大化 M1 的值。给你提出一个挑战：尝试这两个公式，将你的结果与本书所用方法的结果进行比较。你也可以采用其他方法。

6.3　复习要点

1. logistic 回归的机制

2. logistic 函数、sigmoid 函数和胜算率

3. 假设胜算率的对数是线性函数

4. Excel 函数 IF、INDEX、LINEST、SUMPRODUCT

5. Excel 函数 EXP 和 LN

6. 规划求解的用法

第 7 章

k 最近邻

7.1 一般性理解

人们往往会根据周围人的建议做出决定或采取行动。我们在生活中不时会接受周围人的建议，尤其是那些非常亲近的人。数据挖掘方法中的 k **最近邻**（k-nearest neighbors，K-NN）方法就反映了这种现实情况。这里，k 表示该决定基于 k 个邻居。举例来说，在 10 000 个已知样本中，当新的情况 A 发生并且需要预测 A 的结果时，我们从样本中找出 A 的 11 个（通常选择奇数）最近邻，基于这 11 个邻居的多数结果（在此情况下，$k = 11$）来预测 A 的结果。在 K-NN 中，具有某种结果的邻居通常以对该结果的投票来表示。

在第 1 章中，我提到本书将数据挖掘和机器学习视为等同。在机器学习中，有两种学习者（方法）：积极学习者（eager learner）和消极学习者（lazy learner）。LDA 和 logistic 回归都属于积极学习者，因为两者首先基于训练数据集构建模型，然后将模型应用于未知的数据。这种模型基本上是一个参数集或规则集。与它们不同，K-NN 则属于消极学习者。消极学习者不会先构建模型，也不会基于训练数据集生成一组参数或规则。相反，当有评分数据时，消极学习者利用整组训练数据对评分数据进行动态分类。K-NN 使用整个训练数据集动态计算评分数据点的最近邻。由于没有预先计算好的参数集，K-NN 也是一种非参数式数据挖掘方法。

K-NN 的主要工作是确定最近邻。给定一个评分数据点 A，其最近邻的定义是什么？换句话说，我们如何衡量邻近度？

测量邻近度的一种方法是计算两个数据点之间的距离。在讨论 k 均值聚类时，我们使用的是欧几里得距离。当然，我们可以在这里如法炮制。事实上，欧几里得距离是 K-NN 中最常用的邻近度度量。

曼哈顿距离（Manhattan distance）和**切比雪夫距离**（Chebyshev distance）有时也用于测量邻近度。给定两个数据点$(x1, x2, x3)$和$(y1, y2, y3)$。二者之间的曼哈顿距离为$|y1 - x1| + |y2 - x2| + |y3 - x3|$。

两个数据点之间的切比雪夫距离是所有属性之间的最大差值。举例来说，给定两个数据点$(1, 2, 3)$和$(4, 3, 7)$。差值分别是$|4 - 1| = 3$，$|3 - 2| = 1$，$|7 - 3| = 4$。这两个数据点的切比雪夫距离为 4，因为 4 是最大差值。

欧几里得距离、曼哈顿距离和切比雪夫距离适用于数值型数据点。对于离散属性，可以使用**汉明距离**（Hamming distance）。给定两个长度相等的字符串，汉明距离计算对应位置的不同符号的个数。举例来说，给定两个二进制串 10011010 和 11001011，二者之间的汉明距离为 3，如下所示。

1**0**011010**0**

1**10**0**1**011**1**

还有一些其他方法可以测量邻近度。在本章中，我们将再次使用欧几里得距离。

7.2 通过 Excel 学习 k 最近邻

文件 Chapter7-1a.xlsx 模拟了一个业务场景。一家信用卡公司启动了一项营销活动。该公司希望根据其他相似客户的回应来预测新客户 Daisy 是否会办理信用卡。假设有 200 位客户已经做出了回应，并且年龄、收入和拥有的信用卡数量这 3 个属性是决定办卡可能性的关键因素。

7.2.1 实验 1

打开文件 Chapter7-1a.xlsx。工作表的部分内容如图 7-1 所示。E 列保存了现有客户的回应。1 表示接受，0 表示拒绝。单元格 G1:J9 被突出显示，我们需要基于不同的 K 值找出 Daisy 可能的回应。

	A	B	C	D	E	F	G	H	I	J
1	Name	Age	Income (1000s)	Cards have	Response			Age	Income	Cards have
2	N1	71	32	3	0		Daisy	27	155	5
3	N2	33	144	8	1		K	Daisy's likely reponse:		
4	N3	49	63	10	0		1			
5	N4	38	57	10	0		3			
6	N5	26	159	5	0		5			
7	N6	30	163	8	1		7			
8	N7	35	41	0	0		9			
9	N8	55	44	9	1		11			
10	N9	60	10	3	0					

图 7-1   K-NN 数据挖掘所用到的数据一览

第一项工作是确定如何根据 3 个属性（年龄、收入和拥有的信用卡数量）计算 Daisy 和其他人之间的距离。让我们再次利用欧几里得距离。按照以下操作说明完成实验 1。

1. 在单元格 F1 中输入文本 "Distance"。在单元格 F2 中输入以下公式。

```
=SQRT((B2-$H$2)^2+(C2-$I$2)^2+(D2-$J$2)^2)
```

2. 从单元格 F2 自动填充至 F201，工作表的部分内容如图 7-2 所示。

	A	B	C	D	E	F	G	H	I	J
1	Name	Age	Income (1000s)	Cards have	Response	Distance		Age	Income	Cards have
2	N1	71	32	3	0	130.648	Daisy	27	155	5
3	N2	33	144	8	1	12.8841	K	Daisy's likely reponse:		
4	N3	49	63	10	0	94.7259	1			
5	N4	38	57	10	0	98.7421	3			
6	N5	26	159	5	0	4.12311	5			
7	N6	30	163	8	1	9.05539	7			
8	N7	35	41	0	0	114.39	9			
9	N8	55	44	9	1	114.547	11			
10	N9	60	10	3	0	148.721				

图 7-2   用于预测 Daisy 回应的数据

3. 我将利用函数 SMALL 根据给定的 K 值寻找最近邻。在单元格 K3 中输入文本 "Small"，在单元格 K4 中输入以下公式。

```
=SMALL(F$2:F$201,G4)
```

函数 SMALL 返回数组中的第 k 个最小值。当 G4 = 1 时，上述公式会在 F2:F201 中找到第 1 个最小值。

4. 从单元格 K4 自动填充至 K9。

以 $k=3$ 为例（对应于单元格 G5），由于 G5 = 3，单元格 K5 中的公式在 F2:F201 中找到第 3 个最小值。到 Daisy 的距离小于或等于单元格 K5 的任何数据点都是 Daisy 的最近邻。

5. 在单元格 L3 中输入数字 1，在单元格 M3 中输入数字 0。L 列保存了回应 1 的数量，M 列保存了回应 0 的数量。

6. 在单元格 L4 中输入以下公式。

```
=COUNTIFS($E$2:$E$201,L$3,$F$2:$F$201,"<="&$K4)
```

注意，表达式"<="&$K4 被转换为"<=4.12311"。运算符&将文本"<="与单元格 K4 中的值（4.12311）拼接了起来。

7. 从单元格 L4 自动填充至 M4，然后一并自动填充至 L9:M9。

当前结果如图 7-3 所示。

	G	H	I	J	K	L	M
1		Age	Income	Cards have			
2	**Daisy**	27	155	5			
3	K	Daisy's likely reponse:			Small	**1**	**0**
4	1				4.12311	0	1
5	3				8.12404	1	2
6	5				9.05539	3	2
7	7				11.4891	4	3
8	9				12.3288	5	4
9	11				13.1529	7	4

图 7-3　计算 1 和 0 的投票结果

8. 根据 1 和 0 的数量，即接受和拒绝的票数，Daisy 的回应可以由以下公式确定，该公式应在单元格 H4 中输入（注意，单元格 H4、I4、J4 是合并的，因此 H4 代表这 3 个单元格）。

```
=IF(L4>M4,$L$3,$M$3)
```

9. 从单元格 H4 自动填充至 H9。

最终结果如图 7-4 所示。结果表明，在 K 值不同的情况下，对于 Daisy 回应的预测，会随 "邻居" 的多数票有所不同。注意，K-NN 是一个概率模型，这意味着它根据 Daisy 邻居以前的回应来计算 Daisy 如何回应的概率。举例来说，当 K 等于 5（5 是 K 的常见值）时，K-NN 预测 Daisy 很可能接受信用卡，接受概率是 60%。尽管如此，她还是有 40% 的概率拒绝信用卡。当 K 等于 1 时，她的拒绝概率是 100%。不过，这并不保证她就一定不会接受信用卡。

	G	H	I	J	K	L	M
1		Age	Income	Cards have			
2	Daisy	27	155	5			
3	K	Daisy's likely reponse:			Small	1	0
4	1	0			4.12311	0	1
5	3	0			8.12404	1	2
6	5	1			9.05539	3	2
7	7	1			11.4891	4	3
8	9	1			12.3288	5	4
9	11	1			13.1529	7	4

图 7-4　K-NN 基于不同的 K 值来预测 Daisy 的回应

不难注意到，k 在 K-NN 模型中很重要。哪一个值最好值得商榷，并没有定论。一般来说，k 最好是奇数。

7.2.2　实验 2

在现实生活中，如果建议来自于我们最信任的人，那么我们通常会更认真地对待。既然 Daisy 与邻居之间的距离有所不同，我们是否应该区别对待他们？是的，确实应该。比如，离她更近的邻居的投票更应该得到重视。

K-NN 的基本概念是，彼此靠近的数据点是相似的，并且属于同一类。两个数据点越接近，属于同一类的可能性就越大。相比之下，两个数据点越远，就越有可能属于不同的类。在给邻居分配权重时，要遵循这样的规则：距离越大，投票的权重越小。

哪个公式可以将距离因素恰当地纳入投票结果？一种简单的解决方法是使用距离的倒数。但如果一个邻居到 Daisy 的距离为 0，使用倒数就会出错。为了避免这种错误，可以使用修改过的倒数公式，如公式 (7-1) 所示：

$$w = \frac{1}{1 + \mathrm{b}d} \tag{7-1}$$

其中，b 是常数，最好大于或等于 1，d 是两个数据点之间的欧几里得距离。

公式(7-2)是一种更常见的形式：

$$w = \frac{1}{\mathrm{a}^d} \tag{7-2}$$

其中，a > 1。a 通常被设为 e，即自然对数的底数。注意，w 会随着 d 的增加呈指数下降，特别是当 a = e 时，更接近的数据点很容易有主导权。

在本实验中，我们采用公式(7-1)并设 b = 1。打开 Chapter7-2a.xlsx。该文件中的数据设置如图 7-5 所示。

	A	B	C	D	E	F	G
1		Age	Income	Cards have			
2	**Daisy**	27	155	5			
3	K	Daisy's likely reponse:					
4	1						
5	3						
6	5						
7	7						
8	9						
9	11						
10							
11	Name	Age	Income (1000s)	Cards	Response		
12	N1	71	32	3	0		
13	N2	33	144	8	1		
14	N3	49	63	10	0		
15	N4	38	57	10	0		

图 7-5 加权 K-NN 分析的数据设置

按照以下操作说明完成加权 K-NN 分析。

1. 在单元格 F11 中输入文本"Distance"。Daisy 到每个邻居的距离在 F 列中计算。这可以通过在单元格 F12 中输入以下公式，然后从 F12 自动填充至 F211 来实现。

```
=SQRT((B12-$B$2)^2+(C12-$C$2)^2+(D12-$D$2)^2)
```

2. 在单元格 G11 和 H11 中分别输入文本 "Reciprocal" 和 "Weight"。

3. 在单元格 G12 中输入公式=1/(1+F12)，然后从 G12 自动填充至 G211。

4. 在单元格 H12 中输入公式=G12/SUM($G$12:$G$211)。该公式保证 H 列中的权重之和为 1。

5. 从 H12 自动填充至 H211。

到目前为止，我们已经计算出了所有邻居投票的权重，它们与 Daisy 和每个邻居之间的距离成反比。工作表的部分内容如图 7-6 所示。

	A	B	C	D	E	F	G	H
1		Age	Income	Cards have				
2	**Daisy**	27	155	5				
3	K	Daisy's likely reponse:						
4		1						
5		3						
6		5						
7		7						
8		9						
9		11						
10								
11	Name	Age	Income (1000s)	Cards	Response	Distance	Reciprocal	Weight
12	N1	71	32	3	0	130.64838	0.007596	0.0015689
13	N2	33	144	8	1	12.884099	0.0720248	0.014876
14	N3	49	63	10	0	94.72592	0.0104465	0.0021576
15	N4	38	57	10	0	98.742088	0.0100259	0.0020707

图 7-6　计算每个邻居的投票权重

6. 在单元格 E3、F3、G3、H3 中分别输入 "Small"、1、0、"Probability"，如图 7-7 所示。

7. 在单元格 E4 中输入公式=SMALL(F$12:F$211,A4)并从 E4 自动填充至 E9。

8. 在单元格 F4 中输入以下公式。

```
=SUMIFS($H$12:$H$211,$E$12:$E$211,F$3,$F$12:$F$211,"<="&$E4)
```

9. 从 F4 自动填充至 G4，然后从 F4 自动填充至 F9，从 G4 自动填充至 G9。

10. 在单元格 H4 中输入公式=F4/SUM(F4:G4)。单元格 H4 中的值是 *k* = 1 时的接受概率。

11. 从 H4 自动填充至 H9。

到目前为止，工作表的部分内容如图 7-7 所示。

	A	B	C	D	E	F	G	H
1		Age	Income	Cards have				
2	**Daisy**	27	155	5				
3	K	Daisy's likely reponse:			**Small**	**1**	**0**	Probability
4	1				4.12311	0	0.0403154	0
5	3				8.12404	0.0226369	0.0788569	0.2230373
6	5				9.05539	0.0646866	0.0788569	0.4506408
7	7				11.4891	0.0834629	0.0953945	0.4666449
8	9				12.3288	0.0994535	0.1108903	0.4728141
9	11				13.1529	0.128923	0.1108903	0.5375973
10								
11	Name	Age	Income (1000s)	Cards	Response	Distance	Reciprocal	Weight
12	N1	71	32	3	0	130.64838	0.007596	0.0015689

图 7-7　计算加权投票结果

12. 现在是时候对 Daisy 的回应进行分类了。在单元格 B4 中输入公式=IF(H4>0.5,"Yes","No")。

13. 从 B4 自动填充至 B9。

结果应该如图 7-8 所示。显然，通过 K-NN 模型中的加权投票，我们比以前更确信 Daisy 很可能会拒绝信用卡。完整的结果可以在文件 Chapter7-2b.xlsx 中找到。

	A	B	C	D	E	F	G	H
1		Age	Income	Cards have				
2	**Daisy**	27	155	5				
3	K	Daisy's likely reponse:			**Small**	**1**	**0**	Probability
4	1		No		4.12311	0	0.0403154	0
5	3		No		8.12404	0.0226369	0.0788569	0.2230373
6	5		No		9.05539	0.0646866	0.0788569	0.4506408
7	7		No		11.4891	0.0834629	0.0953945	0.4666449
8	9		No		12.3288	0.0994535	0.1108903	0.4728141
9	11		Yes		13.1529	0.128923	0.1108903	0.5375973
10								
11	Name	Age	Income (1000s)	Cards	Response	Distance	Reciprocal	Weight
12	N1	71	32	3	0	130.64838	0.007596	0.0015689
13	N2	33	144	8	1	12.884099	0.0720248	0.014876

图 7-8　在 K-NN 模型中应用加权投票

在这个实验中，我们使用的截止值是 0.5，也就是说，如果接受概率大于 0.5，就认为 Daisy 的回应很可能是 Yes，否则为 No。将 0.5 指定为截止值是很自然的决定。然而，当使用交叉验证评估我们的 K-NN 模型时，选择不同的截止值并进行 ROC 曲线分析会很有趣。

我们的加权 K-NN 模型是否有改进空间？应该是有的。不难注意到，属性 "Income" 对距离的贡献最大，属性 "Cards have" 的贡献则最小。我们知道不同的属性会对确定 Daisy 的回应产生不同的影响，这是开发数据挖掘模型的业务理解阶段的一部分。然而，如果我们不清楚哪个属性的贡献更大，最好对所有属性一视同仁。因此，有必要对所有属性进行归一化，使其处于相同的范围内，比如 0 ~ 100。

7.2.3   实验 3

归一化可以通过不同的方式完成。**Z 分数归一化**（Z-score normalization）基于数据的方差。在这个实验中，我们要执行范围归一化，即所有属性都基于各自的最大值和最小值进行归一化。

我们希望范围是 0 ~ 100。因此，对于每个属性，最大值和最小值分别被转换为 100 和 0。

按照以下操作说明完成该实验。

1. 打开文件 Chapter7-3a.xlsx。在单元格 J1:J6 和 K1:K6 中输入图 7-9 所示的文本或公式。这些值是 3 个属性的实际范围。

	J	K
1	max-age	=MAX(B12:B211,B2)
2	min-age	=MIN(B12:B211,B2)
3	max-income	=MAX(C12:C211, C2)
4	min-income	=MIN(C12:C211,C2)
5	max-cards	=MAX(D12:D211,D2)
6	min-cards	=MIN(D12:D211,D2)

图 7-9   定义范围

归一化一个值的表达式是 `100 / (max - min) * (value - min)`。注意，对于给定属性，如果其最大值等于其最小值，那么此表达式会失效。不过这种情况非常少见。

2. 在单元格 F11、G11、H11 中分别输入文本 "normalized age" "normalized income" "normalized cards"。

3. 在单元格 F12 中输入以下公式，然后从 F12 自动填充至 F211。

```
=100/($K$1-$K$2)*(B12-$K$2)
```

4. 在单元格 G12 中输入以下公式，然后从 G12 自动填充至 G211。

```
=100/($K$3-$K$4)*(C12-$K$4)
```

5. 在单元格 H12 中输入以下公式，然后从 H12 自动填充至 H211。

```
=100/($K$5-$K$6)*(D12-$K$6)
```

工作表的部分内容如图 7-10 所示。

	A	B	C	D	E	F	G	H	I	J	K
1		Age	Income	Cards have						max-age	75
2	Daisy	27	155	5						min-age	18
3	K	Daisy's likely reponse:								max-income	200
4	1									min-income	10
5	3									max-cards	10
6	5									min-cards	0
7	7										
8	9										
9	11										
10											
11	Name	Age	Income (1000s)	Cards	Response	normalized age	normalized income	normalized cards			
12	N1	71	32	3	0	92.9824561	11.5789474	30			
13	N2	33	144	8	1	26.3157895	70.5263158	80			
14	N3	49	63	10	0	54.3859649	27.8947368	100			
15	N4	38	57	10	0	35.0877193	24.7368421	100			

图 7-10 归一化所有属性

像以前一样继续以下步骤以完成此实验。

6. 在单元格 E2 中输入公式 `=100/(K1-K2)*(B2-K2)`，归一化 Daisy 的 "Age"。

7. 在单元格 F2 中输入公式 `=100/(K3-K4)*(C2-K4)`，归一化 Daisy 的 "Income"。

8. 在单元格 G2 中输入公式 `=100/(K5-K6)*(D2-K6)`，归一化 Daisy 的 "Cards have"。

9. 在单元格 I11、J11、K11 中分别输入文本 "distance" "reciprocal" "weight"。

10. 在单元格 E3、F3、G3、H3 中分别输入 "Small"、1、0、"Probability"。

工作表的部分内容如图 7-11 所示。

E	F	G	H	I	J	K
					max-age	75
15.78947	76.3157895	50			min-age	18
Small	1	0	Probability		max-income	200
					min-income	10
					max-cards	10
					min-cards	0
	normalized	normalized	normalized			
Response	age	income	cards	distance	reciprocal	weight

图 7-11   实验 3 的数据设置

11. 在单元格 I12 中输入以下公式并从 I12 自动填充至 I211。

    =SQRT(($E$2-F12)^2+($F$2-G12)^2+($G$2-H12)^2)

12. 在单元格 J12 中输入公式 =1/(1+I12) 并从 J12 自动填充至 J211。

13. 在单元格 K12 中输入公式 =J12/SUM($J$12:$J$211) 并从 K12 自动填充至 K211。

    确保工作表如图 7-12 所示。如有不同，最好再检查一下公式。

	F	G	H	I	J	K
	normalized	normalized	normalized			
11	age	income	cards	distance	reciprocal	weight
12	92.982456	11.57895	30	102.71132	0.009642149	0.002483575
13	26.315789	70.52632	80	32.31596091	0.030015643	0.007731274
14	54.385965	27.89474	100	79.58823703	0.012408759	0.003196184
15	35.087719	24.73684	100	74.38286157	0.013265615	0.003416888
16	14.035088	78.42105	50	2.740438483	0.267348335	0.068862198
17	21.052632	80.52632	80	30.74783509	0.031498211	0.008113146

图 7-12   归一化后计算权重

按照以下操作说明继续该实验。

14. 在单元格 E4 中输入公式=SMALL(I$12:I$211,A4)，然后自动填充至 E9。

15. 在单元格 F4 中输入以下公式。

=SUMIFS($K$12:$K$211,$E$12:$E$211,F$3,$I$12:$I$211,"<="&$E4)

16. 从单元格 F4 自动填充至 G4，然后从 F4 自动填充至 F9，从 G4 自动填充至 G9。

17. 在单元格 H4 中输入公式=F4/SUM(F4:G4)，然后从 H4 自动填充至 H9。

18. 在单元格 B4 中输入公式=IF(H4>0.5,"Yes","No")，然后从 B4 自动填充至 B9。

最终结果如图 7-13 所示。显然，当处理的数据不同时，结果也不同（比较图 7-13 与图 7-8 和图 7-4）。在应用 K-NN 方法时，最好能理解数据处理过程。完整的结果可在文件 Chapter7-3b.xlsx 中找到。

	B	C	D	E	F	G	H	I	J	K
1	Age	Income	Cards have						max-age	75
2	27	155	5	15.78947	76.3157895	50			min-age	18
3	Daisy's likely reponse:			**Small**	1	0	Probability		max-income	200
4		No		2.740438	0	0.0688622	0		min-income	10
5		No		13.53267	0.03860176	0.0688622	0.35920657		max-cards	10
6		No		21.34303	0.05012996	0.08135458	0.38126124		min-cards	0
7		No		22.89995	0.07178676	0.08135458	0.46876146			
8		No		23.37287	0.07178676	0.10263324	0.41157411			
9		No		25.1006	0.09209807	0.10263324	0.47294947			
10										
11	Age	Income (1000s)	Cards	Response	normalized age	normalized income	normalized cards	distance	reciprocal	weight
12	71	32	3	0	92.9824561	11.5789474	30	102.7113	0.009642149	0.002484
13	33	144	8	1	26.3157895	70.5263158	80	32.31596	0.030015643	0.007731
14	49	63	10	0	54.3859649	27.8947368	100	79.58824	0.012408759	0.003196
15	38	57	10	0	35.0877193	24.7368421	100	74.38286	0.013265615	0.003417
16	26	159	5	0	14.0350877	78.4210526	50	2.740438	0.267348335	0.068862

图 7-13　具有归一化属性和加权投票的 K-NN 方法

7.2.4　实验 4

在前 3 个实验中，目标变量只有两种截然不同的回应。让我们使用 K-NN 分析当目标变量有两个以上的回应时的情形。打开 Chapter7-4a.xlsx。该文件与 Chapter7-3b.xlsx 大同小异，区别在于回应是"Yes""Not Sure"或"No",并且没有计算每个可能回应或 Daisy 的可能回应的概率。先看一下文件,工作表如图 7-14 所示。注意,单元格 I3 中的是"Max Weight",而不是"Probability"。

	A	B	C	D	E	F	G	H	I	J	K
1		Age	Income	Cards have						max-age	75
2	Daisy	27	155	5	15.78947	76.3157895	50			min-age	18
3	K	Daisy's likely reponse:			Small	Yes	Not Sure	No	Max Weight	max-income	200
4	1				2.740438					min-income	10
5	3				10.61077					max-cards	10
6	5				13.53267					min-cards	0
7	7				21.34303						
8	9				22.89995						
9	11				23.37287						
10											
11	Name	Age	Income (1000s)	Cards	Response	normalized age	normalized income	normalized cards	distance	reciprocal	weight
12	N1	71	32	3	No	92.9824561	11.5789474	30	102.71132	0.009642149	0.002365
13	N2	33	144	8	No	26.3157895	70.5263158	80	32.31596091	0.030015643	0.007362
14	N3	29	163	5	Yes	19.2982456	80.5263158	50	5.480876966	0.154300106	0.037847
15	N4	38	57	10	No	35.0877193	24.7368421	100	74.38286157	0.013265615	0.003254
16	N5	26	159	5	Not Sure	14.0350877	78.4210526	50	2.740438483	0.267348335	0.065576
17	N6	30	163	8	No	21.0526316	80.5263158	80	30.74783509	0.031498211	0.007726
18	N7	35	41	0	No	29.8245614	16.3157895	0	79.35353607	0.012445003	0.003053
19	N8	55	44	9	No	64.9122807	17.8947368	90	86.17464569	0.011471225	0.002814
20	N9	60	10	3	Yes	73.6842105	0	30	97.85652905	0.01011567	0.002481

图 7-14　具有 3 种分类结果的 K-NN 模型

按照以下操作说明完成最后的计算。

1. 在单元格 F4 中输入以下公式。

   =SUMIFS($K$12:$K$211,$E$12:$E$211,F$3,$I$12:$I$211,"<="&$E4)

2. 从单元格 F4 自动填充至 H4,然后一并自动填充至第 9 行。

3. 在单元格 I4 中输入公式=MAX(F4:H4),然后从 I4 自动填充至 I9。

4. 在单元格 B4 中输入以下公式,然后自动填充至 B9。

   =INDEX(F$3:H$3,1,MATCH(I4,F4:H4,0))

注意 MATCH 函数的用法。MATCH 的最后一个参数为 0,表示执行的是精确匹配搜索。这在此处很重要,因为许多数字彼此接近。

就是这样了。最终结果如图 7-15 所示,可以在文件 Chapter7-4b.xlsx 中找到。

	Age	Income	Cards have								
1	Age	Income	Cards have							max-age	75
Daisy	27	155	5	15.78947	76.3157895	50				min-age	18
K	Daisy's likely reponse:			Small	Yes	Not Sure	No	Max Weight		max-income	200
1		Not Sure		2.740438	0	0.06557647	0	0.065576473		min-income	10
3		Not Sure		10.61077	0.05897309	0.06557647	0	0.065576473		max-cards	10
5		Yes		13.53267	0.09573298	0.06557647	0	0.095732981		min-cards	0
7		Yes		21.34303	0.10671112	0.07747279	0	0.106711116			
9		Yes		22.89995	0.1169741	0.08783326	0	0.1169741			
11		Yes		23.37287	0.1169741	0.09803278	0.01006384	0.1169741			

Name	Age	Income (1000s)	Cards	Response	normalized age	normalized income	normalized cards	distance	reciprocal	weight
N1	71	32	3	No	92.9824561	11.5789474	30	102.71132	0.009642149	0.002365
N2	33	144	8	No	26.3157895	70.5263158	80	32.31596091	0.030015643	0.007362
N3	29	163	5	Yes	19.2982456	80.5263158	50	5.480876966	0.154300106	0.037847
N4	38	57	10	No	35.0877193	24.7368421	100	74.38286157	0.013265615	0.003254
N5	26	159	5	Not Sure	14.0350877	78.4210526	50	2.740438483	0.267348335	0.065576
N6	30	163	8	No	21.0526316	80.5263158	80	30.74783509	0.031498211	0.007726
N7	35	41	0	No	29.8245614	16.3157895	0	79.35353607	0.012445003	0.003053
N8	55	44	9	No	64.9122807	17.8947368	90	86.17464569	0.011471225	0.002814
N9	60	10	3	Yes	73.6842105	0	30	97.85652905	0.01011567	0.002481

图 7-15 具有 3 种分类结果的 K-NN 模型的最终结果

7.3 复习要点

1. 什么是 K-NN，它在我们的生活中有何体现

2. 不同的距离函数

3. 不同的加权函数和归一化技术

4. Excel 函数 SQRT 和 SMALL，以及 Excel 运算符 &

5. Excel 函数 IF、COUNTIFS、SUMIFS、MATCH、INDEX

第8章

朴素贝叶斯分类

我们已经学习了线性回归、k均值聚类、LDA、logistic 回归和 K-NN，这些数据挖掘方法都侧重于数值数据。与它们不同，朴素贝叶斯数据挖掘方法则侧重于分类数据。由于其简单性，朴素贝叶斯数据挖掘方法比其他数据挖掘方法有效得多，同时性能可与其他大多数数据挖掘方法相媲美。

8.1　一般性理解

朴素贝叶斯是最常用的分类算法之一，其数学背景是条件概率。假设多个独立属性$(x_1, x_2, \cdots, x_n)$可用于对目标变量y进行分类。给定一个具有某些属性的新样本，朴素贝叶斯可以根据样本的属性预测每个可能类的出现概率。

贝叶斯定理如公式(8-1)所示。

$$P(y \mid x) = \frac{P(x \mid y) P(y)}{P(x)}, \qquad P(x) \neq 0 \tag{8-1}$$

记住贝叶斯定理的一个更简单的方法是将其写作：$P(y \mid x)P(x) = P(x \mid y)P(y)$。

当有多个独立属性时，$P(x) = P(x_1)P(x_2)\cdots P(x_n)$。

对于第k个类y_k（假设有m个类），在给定$(x_1, x_2, \cdots, x_n)$的情况下，其发生的似然性如公式(8-2)所示。

$$P'(y_k \mid x) = \frac{P(x_1 \mid y_k) P(x_2 \mid y_k) \cdots P(x_n \mid y_k) P(y_k)}{P(x)} \tag{8-2}$$

一旦我们计算出每个 $P'(y_k \mid x)$，最终的 $P(y_k \mid x)$ 的计算方法就如公式(8-3)所示。

$$P(y_k \mid x) = \frac{P'(y_k \mid x)}{\sum_i^m P'(y_i \mid x)} \tag{8-3}$$

注意，在公式(8-3)中，分子和分母都要除以 $P(x)$。然而，$P(x)$ 在公式(8-3)中被抵消了。因此，在计算 $P'(y_k \mid x)$ 时，$P(x)$ 也被忽略。

我们将使用表 8-1 中的例子来实现上述概念。

表 8-1　用于朴素贝叶斯分析的虚构样本数据

编号	Size（大小）	Number（数量）	Thickness（厚度）	Lung Cancer（肺癌）
1	big	low	deep	yes
2	big	over	deep	yes
3	normal	over	shallow	no
4	big	low	shallow	no
5	big	over	deep	yes
6	normal	over	deep	yes
7	big	low	shallow	no
8	big	over	shallow	yes
9	big	over	deep	yes
10	normal	low	deep	no
Scoring	big	over	deep	???

表 8-1 中的数据模拟了一个放射诊断影像分析案例，其中根据所拍摄影像的特征（属性）判断是否出现某种癌症。注意，表中的数据是虚构的，不代表有效的影像或癌症分析方法。

表 8-1 中共有 3 个属性：Size、Number、Thickness。每个属性都有两个值。目标变量是 Lung Cancer，它有两个类别："yes" 和 "no"。在表 8-1 中，有 10 条训练数据记录，最后一条是评分记录，我们需要根据 3 个属性的值来预测类别。

基于公式(8-2)和公式(8-3)，我们通过以下公式计算评分记录为 "yes" 的概率。

$$P(yes \mid < big, over, deep >) =$$

$$\frac{P(big \mid yes) \times P(over \mid yes) \times P(deep \mid yes) \times P(yes)}{P(big \mid yes) \times P(over \mid yes) \times P(deep \mid yes) \times P(yes) + P(big \mid no) \times P(over \mid no) \times P(deep \mid no) \times P(no)}$$

显然，我们需要计算以下项。

1. $P(\text{yes}) = 6/10$，因为 10 条记录中有 6 条是 "yes"。

2. $P(\text{no}) = 4/10$。

3. $P(\text{big} \mid \text{yes}) = 5/6$。当类别为 "yes" 时，对应有 5 个 "big"。

4. $P(\text{over} \mid \text{yes}) = 5/6$。当类别为 "yes" 时，对应有 5 个 "over"。

5. $P(\text{deep} \mid \text{yes}) = 5/6$。当类别为 "yes" 时，对应有 5 个 "deep"。

6. $P(\text{big} \mid \text{no}) = 2/4$。当类别为 "no" 时，对应有 2 个 "big"。

7. $P(\text{over} \mid \text{no}) = 1/4$。当类别为 "no" 时，对应有 1 个 "over"。

8. $P(\text{deep} \mid \text{no}) = 1/4$。当类别为 "no" 时，对应有 1 个 "deep"。

因此有：

$$P(\text{yes} \mid < \text{big,over,deep} >) =$$

$$\frac{(5/6) \times (5/6) \times (5/6) \times (6/10)}{(5/6) \times (5/6) \times (5/6) \times (6/10) + (2/4) \times (1/4) \times (1/4) \times (4/10)}$$

最终的答案约等于 0.965。也就是说，评分记录为 "yes"（肺癌阳性）的概率约为 0.965。

当然，相较于 logistic 回归、LDA 和 K-NN，朴素贝叶斯分类的数学基础要简单得多。这正是朴素贝叶斯分类在数据量很大的情况下计算效率出色的重要原因。此外，尽管朴素贝叶斯做出了所有属性相互独立的"朴素"假设，但与其他所有分类数据挖掘模型相比，朴素贝叶斯确实具有相当不错的性能。

8.2　通过 Excel 学习朴素贝叶斯分类

在本章中，我们将通过 Excel 练习两个示例。第 1 个示例与表 8-1 相同。第 2 个示例模拟了一个类似的影像分析案例，但数据比较复杂，数据量也大很多。

8.2.1 练习 1

文件 Chapter8-1a.xlsx 包含与表 8-1 所示相同的数据，其中只有 10 个训练样本和 1 个评分样本。之所以样本量小，是为了更好地说明问题。一旦我们通过这个简单的例子获得了足够的经验，就可以处理另一个更复杂的数据集了。

在 Chapter8-1a.xlsx 中，为了便于处理，数据已经在工作表中设置好了，如图 8-1 所示。我们需要做的是为朴素贝叶斯分析完成必要的计算。

	A	B	C	D	E
1	Sample size		Lung Cancer		
2			yes	no	
3		count			
4		probability			
5	Size	big			
6		normal			
7	Number	over			
8		low			
9	Thickness	deep			
10		shallow			
11					
12	No.	Size	Number	Thickness	Lung Cancer
13	1	big	low	deep	yes
14	2	big	over	deep	yes
15	3	normal	over	shallow	no
16	4	big	low	shallow	no
17	5	big	over	deep	yes
18	6	normal	over	deep	yes
19	7	big	low	shallow	no
20	8	big	over	shallow	yes
21	9	big	over	deep	yes
22	10	normal	low	deep	no

图 8-1　朴素贝叶斯数据设置

为了应用朴素贝叶斯方法预测评分记录的类别，我们要先基于训练数据构建模型。按照以下操作说明完成练习。

1. 在单元格 B1 中输入 10，因为只有 10 条训练记录。

2. 在单元格 C3 中输入公式=COUNTIF($E$13:$E$22,C$2)。该公式计算类别为 "yes" 的目标
变量 Lung Cancer 的数量。从单元格 C3 自动填充至单元格 D3。单元格 D3 保存类别 "no"
的数量。

3. 在单元格 C4 中输入公式=C$3/$B$1，然后从单元格 C4 自动填充至 D4。C4 和 D4 分别引
用 $P(yes)$ 和 $P(no)$。

4. 在单元格 C5 中输入以下公式。

=COUNTIFS($E$13:$E$22,C$2,$B$13:$B$22,$B5)/C$3

5. 从单元格 C5 自动填充至 C6，然后一并自动填充至单元格 D5:D6。单元格 C5、C6、D5、
D6 分别代表 $P(big\,|\,yes)$、$P(normal\,|\,yes)$、$P(big\,|\,no)$、$P(normal\,|\,no)$。回想一下，$P(big\,|\,yes)$
是条件似然性（如果搞不清楚，就将其理解为条件概率）：给定 "yes"，Size 的似然性
为 "big"。

至此，工作表的部分内容如图 8-2 所示。

	A	B	C	D
1	Sample size		10	Lung Cancer
2			yes	no
3		count	6	4
4		probability	0.6	0.4
5	Size	big	0.8333333	0.5
6		normal	0.1666667	0.5
7	Number			
8				
9	Thickness			
10				

图 8-2　部分完成的朴素贝叶斯分析

6. 在单元格 C7 中输入以下公式。

=COUNTIFS($E$13:$E$22,C$2,$C$13:$C$22,$B7)/C$3

7. 从单元格 C7 自动填充至 C8，然后一并自动填充至单元格 D7:D8。单元格 C7、C8、D7、
D8 分别代表 $P(over\,|\,yes)$、$P(low\,|\,yes)$、$P(over\,|\,no)$、$P(low\,|\,no)$。

8. 在单元格 C9 中输入以下公式。

```
=COUNTIFS($E$13:$E$22,C$2,$D$13:$D$22,$B9)/C$3
```

9. 从单元格 C9 自动填充至 C10，然后一并自动填充至单元格 D9:D10。单元格 C9、C10、D9、D10 分别代表 $P(\text{deep} \mid \text{yes})$、$P(\text{shallow} \mid \text{yes})$、$P(\text{deep} \mid \text{no})$、$P(\text{shallow} \mid \text{no})$。

   至此，工作表的部分内容应该如图 8-3 所示。如果有不同，请仔细检查单元格 C3:D10 中的公式。

	A	B	C	D	E
1	Sample size	10	Lung Cancer		
2			yes	no	
3		count	6	4	
4		probability	0.6	0.4	
5	Size	big	0.8333333	0.5	
6		normal	0.1666667	0.5	
7	Number	over	0.8333333	0.25	
8		low	0.1666667	0.75	
9	Thickness	deep	0.8333333	0.25	
10		shallow	0.1666667	0.75	
11					
12	No.	Hotspot-size	Number	Thickness	Lung Cancer

图 8-3 朴素贝叶斯数据准备

按照以下操作说明，继续朴素贝叶斯数据挖掘过程。

10. 在单元格 F22、G22、H22 中分别输入 "P′(scoring|yes)" "P′(scoring|no)" "P(yes|scoring)"。

11. 在单元格 F23 中输入以下公式。

```
=SUMIF($B$5:$B$10,$B23,C$5:C$10) *
 SUMIF($B$5:$B$10,$C23,C$5:C$10) *
 SUMIF($B$5:$B$10,$D23,C$5:C$10) * C$4
```

   假设类别为 "yes"，上述公式计算评分记录的似然性。它实现了公式(8-2)。注意，函数 SUMIF 的语法不同于 SUMIFS。举例来说，SUMIF($B$5:$B$10,$B23,C$5:C$10) 只对数组 C5:C10 中的单元格求和，前提是它们在数组 B5:B10 中的匹配单元格与 B23 具有相同的值。如果我们想使用函数 SUMIFS 达到同样的目的，那么表达式应该为 SUMIFS(C$5:C$10, $B$5:$B$10,$B23)。

12. 从单元格 F23 自动填充至 G23。假设类别为 "no"，单元格 G23 引用评分记录的似然性。

13. 在单元格 H23 中输入公式=F23/(F23+G23)，该公式实现了公式(8-3)。

14. 在单元格 E23 中输入公式=IF(H23>0.5,"yes","no")。

这就完成了我们对朴素贝叶斯分类的第 1 次尝试。结果应该如图 8-4 所示。你可以在文件 Chapter8-1b.xlsx 中找到完整的结果。

	A	B	C	D	E	F	G	H
12	No.	Size	Number	Thickness	Lung Cancer			
13	1	big	low	deep	yes			
14	2	big	over	deep	yes			
15	3	normal	over	shallow	no			
16	4	big	low	shallow	no			
17	5	big	over	deep	yes			
18	6	normal	over	deep	yes			
19	7	big	low	shallow	no			
20	8	big	over	shallow	yes			
21	9	big	over	deep	yes			
22	10	normal	low	deep	no	P'(scoring|yes)	P'(scoring|no)	P(yes|scoring)
23	Scoring	big	over	deep	yes	0.347222222	0.0125	0.965250965

图 8-4　已完成的朴素贝叶斯分类

8.2.2　练习 2

希望现在你已经对如何在 Excel 中进行朴素贝叶斯分类有了一定的了解。让我们来看一个更复杂的例子。

打开文件 Chapter8-2a.xlsx，其中包含与 Chapter8-1a.xlsx 类似的随机生成的数据。在 Chapter8-2a.xlsx 中，训练数据集共有 1978 个样本，目标变量 Lung Cancer 有 4 个类别，分别为 "negative"（阴性）、"stage-1"（第 1 阶段）、"stage-2"（第 2 阶段）和 "stage-3"（第 3 阶段）。此外，3 个预测因子都有两个以上的分类值。注意，朴素贝叶斯方法仅适用于分类值。如果我们的数据不是分类型，而是数值型，就必须在应用朴素贝叶斯分类之前将其转换成分类值。

仔细观察数据。工作表的部分内容如图 8-5 所示。训练数据集的范围是第 34～2011 行。评分数据集的范围是第 21～30 行。

	A	B	C	D	E	F
1	Sample size	1978			Lung Cancer	
2			negative	stage-1	stage-2	stage-3
3		count				
4		probability				
5		ex-large				
6		large				
7	Size	median				
8		small				
9		none				
10		scale-1				
11		scale-2				
12	Number	scale-3				
13		scale-4				
14		scale-5				
15		light				
16	Thickness	grey				
17		dark				

图 8-5　练习 2 的数据设置

按照以下操作说明完成对给定数据集的朴素贝叶斯分类。

1. 在单元格 C3 中输入以下公式，然后从单元格 C3 自动填充至 F3。

   =COUNTIF($E$34:$E$2011,C2)

2. 在单元格 C4 中输入公式=C3/$B$1，从 C4 自动填充至 F4。C4:F4 引用每个类别的概率。

3. 在单元格 C5 中输入以下公式，计算 P(ex-large | negative)。

   =COUNTIFS($B$34:$B$2011,$B5,$E$34:$E$2011,C$2)/C$3

4. 从单元格 C5 自动填充至 F5，然后一并自动填充至单元格 C9:F9。

   检查当前的工作表是否如图 8-6 所示。根据数字格式的不同，单元格 C4:F9 中小数部分的最后几位可能与图 8-6 不一样。在继续之前，请确保公式没有错误。

	A	B	C	D	E	F
1	Sample size	1978		Lung Cancer		
2			negative	stage-1	stage-2	stage-3
3		count	491	480	502	505
4		probability	0.248230536	0.24266936	0.253791709	0.25530839
5		ex-large	0.187372709	0.21666667	0.201195219	0.20594059
6		large	0.181262729	0.21875	0.187250996	0.22178218
7	Size	median	0.236252546	0.19583333	0.167330677	0.2019802
8		small	0.187372709	0.19583333	0.215139442	0.19207921
9		none	0.207739308	0.17291667	0.229083665	0.17821782
10		scale-1				
11		scale-2				
12	Number	scale-3				
13		scale-4				
14		scale-5				
15		light				
16	Thickness	grey				
17		dark				

图 8-6　检查当前数据

5. 在单元格 C10 中输入以下公式，计算 $P(\text{scale-1} \mid \text{negative})$。

   =COUNTIFS($C$34:$C$2011,$B10,$E$34:$E$2011,C$2)/C$3

6. 从单元格 C10 自动填充至 F10，然后一并自动填充至单元格 C14:F14。

7. 在单元格 C15 中输入以下公式，计算 $P(\text{light} \mid \text{negative})$。

   =COUNTIFS($D$34:$D$2011,$B15,$E$34:$E$2011,C$2)/C$3

8. 从单元格 C15 自动填充至 F15，然后一并自动填充至 C17:F17。

   再次检查工作表，它应该类似于图 8-7。到目前为止，我们已经基于训练数据集完成了每个单独的条件似然性的计算。

	A	B	C	D	E	F
1	Sample size	1978		Lung Cancer		
2			negative	stage-1	stage-2	stage-3
3		count	491	480	502	505
4		probability	0.248230536	0.24266936	0.253791709	0.25530839
5	Size	ex-large	0.187372709	0.21666667	0.201195219	0.20594059
6		large	0.181262729	0.21875	0.187250996	0.22178218
7		median	0.236252546	0.19583333	0.167330677	0.2019802
8		small	0.187372709	0.19583333	0.215139442	0.19207921
9		none	0.207739308	0.17291667	0.229083665	0.17821782
10	Number	scale-1	0.203665988	0.20625	0.211155378	0.21386139
11		scale-2	0.199592668	0.20416667	0.187250996	0.20792079
12		scale-3	0.211812627	0.20625	0.203187251	0.1980198
13		scale-4	0.211812627	0.2	0.199203187	0.18613861
14		scale-5	0.17311609	0.18333333	0.199203187	0.19405941
15	Thickness	light	0.356415479	0.36041667	0.338645418	0.32475248
16		grey	0.364562118	0.2875	0.348605578	0.33069307
17		dark	0.279022403	0.35208333	0.312749004	0.34455446

图 8-7 再次检查数据和公式

按照以下操作说明，继续处理评分数据集。

9. 在单元格 F21 中输入以下公式。

```
=SUMIF($B$5:$B$17,$B21,C$5:C$17) * SUMIF($B$5:$B$17,$C21,C$5:C$17) *
SUMIF($B$5:$B$17,$D21,C$5:C$17) * C$4
```

第 21 行是第一条评分记录。B21 是该记录的 Size 属性。在本例中，B21 的值为 "none"。单元格 C5:C17 保存了与类别 "negative" 有关的所有条件似然性。

表达式 SUMIF($B$5:$B$17,$B21,C$5:C$17)对数组 C5:C17 中的所有单元格求和，只要它们在数组 B5:B17 中的对应单元格的值为 "none"。实际上，该表达式获取了评分记录 1（属性 Size）的条件似然性 P(none | negative)。

SUMIF($B$5:$B$17,$C21,C$5:C$17)获取了评分记录 1（属性 Number）的条件似然性 P(scale-4 | negative)。

SUMIF($B$5:$B$17,$D21,C$5:C$17)获取了评分记录 1（属性 Thickness）的条件似然性 P(light | negative)。

单元格 F21 中的公式实现了公式(8-2)，用于在类别为"negative"时对数据记录 1 进行评分。

10. 从单元格 F21 自动填充至 I21。

单元格 G21 中的公式实现了公式(8-2)，即当类别为"stage-1"时，对数据记录 1 进行评分。

单元格 H21 中的公式实现了公式(8-2)，即当类别为"stage-2"时，对数据记录 1 进行评分。

单元格 I21 中的公式实现了公式(8-2)，即当类别为"stage-3"时，对数据记录 1 进行评分。

11. 在单元格 J21 中输入公式=MAX(F21:I21)。

由于有两个以上的类别，因此最终的分类结果由 F21:I21 中的最大值确定。注意，这里没有计算最终概率，也就是说，并没有实现公式(8-3)。如果需要，我们可以通过公式 =F21/SUM(F21:I21)计算 *P*(negative | record1)。评分记录 1 的其他类别的概率可以采用类似的方式计算。

工作表的部分内容如图 8-8 所示。

	A	B	C	D	E	F	G	H	I	J
19			Scoring Data							
20	SampleID	Size	Number	Thickness	Lung Cancer	P(t|n)	P(t|1)	P(t|2)	P(t|3)	P(max)
21	1	none	scale-4	light		0.00389298	0.003025	0.003922	0.00275	0.003922
22	2	large	scale-1	light						
23	3	small	scale-2	grey						
24	4	median	scale-5	dark						
25	5	none	scale-1	dark						
26	6	ex-large	scale-3	light						
27	7	none	scale-5	dark						
28	8	small	scale-1	grey						
29	9	median	scale-4	light						
30	10	small	scale-2	grey						

图 8-8　计算评分数据集的概率

12. 从单元格 F21:J21 自动填充至 F30:J30。

13. 在单元格 E21 中输入以下公式，然后从 E21 自动填充至 E30。

```
=INDEX($C$2:$F$2, MATCH(J21, F21:I21, 0)) &" ("&TEXT(J21/SUM(F21:I21),"0.0000")&")"
```

上述公式值得详细解释一番。该公式为评分记录 1 查找最有可能的对应类别，并显示此类别的概率。

a. 单元格 C2:F2 保存目标变量 Lung Cancer 的类别名称。单元格 F21:I21 保存每个类别相关的评分记录 1 的似然性。

b. =INDEX($C$2:$F$2, MATCH(J21, F21:I21, 0)) 根据单元格 J21（F21:I21 中的最大值）找到对应的 Lung Cancer 类别。F21:I21 中必须有一个值匹配单元格 J21。这在本例中是 H21。函数 INDEX 返回 C2:F2 中与 F21:I21 对齐的单元格的值。

c. 运算符 & 用于将多个字符串拼接在一起。

d. J21/SUM(F21:I21) 通过公式 (8-3) 计算评分记录 1 最有可能的类别的概率。

e. TEXT(J21/SUM(F21:I21),"0.0000") 对概率进行格式化，以便显示小数点后 4 位。

最终结果应该如图 8-9 所示。注意，由于训练数据集是随机生成的，因此图 8-9 中的概率（E 列）并不占优势，均接近于 0.25。

	A	B	C	D	E
19			Scoring Data		
20	SampleID	Size	Number	Thickness	Lung Cancer
21	1	none	scale-4	light	stage-2 (0.2886)
22	2	large	scale-1	light	stage-1 (0.2713)
23	3	small	scale-2	grey	stage-2 (0.2719)
24	4	median	scale-5	dark	stage-3 (0.2875)
25	5	none	scale-1	dark	stage-2 (0.2915)
26	6	ex-large	scale-3	light	stage-1 (0.2730)
27	7	none	scale-5	dark	stage-2 (0.3053)
28	8	small	scale-1	grey	stage-2 (0.2921)
29	9	median	scale-4	light	stage-3 (0.3200)
30	10	small	scale-2	grey	stage-2 (0.2719)

图 8-9　已完成的朴素贝叶斯分类

从练习 2 中，我们可以看出 Excel 非常适合于朴素贝叶斯分类。你可以在文件 Chapter8-2b.xlsx 中找到练习 2 的完整结果。

注意，对于 Size、Number、Thickness 这 3 个属性，我们在步骤 3、5、7 中输入了 3 个公式。有一种方法可以通过在单元格 C5 中输入一个公式，来完成这 3 个属性的似然性计算，然后自动填充至单元格 F17。我们将在第 9 章中学习这种方法。

Chapter8-2a.xlsx 中的数据是随机生成的，不适合交叉验证，但考虑到训练数据集的大小，我们当然可以将其分成两部分来进行交叉验证。

8.3   复习要点

1. 对朴素贝叶斯的一般性理解，注意条件概率和贝叶斯定理

2. Excel 函数 COUNTIF、COUNTIFS、SUMIF，以及运算符&

3. Excel 函数 INDEX 和 MATCH

4. Excel 函数 TEXT

第9章

决 策 树

决策树可能是最直观的数据分类和预测方法，它也十分常用。尽管我们所学的大多数数据挖掘方法是参数式的，但决策树是一种基于规则的方法。理解决策树最关键的概念是**熵**（entropy），我们很快就会解释这个概念。树由节点组成，底部节点称为叶节点。对于除叶节点之外的每个节点，必须做出决定，将节点拆分成至少两个分支。图 9-1 展示了一棵决策树。

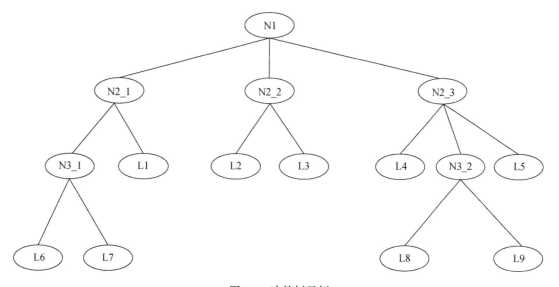

图 9-1　决策树示例

在图 9-1 中，除叶节点之外的所有节点都以字母"N"开头，而所有的叶节点都以字母"L"开头。在决策树中，一个节点可以拆分成两个或更多的子节点，但叶节点不可再分。决策树中最关键的操作是决定如何拆分节点。虽然存在适用于所有节点的通用规则，但每个节点必须根据其内部数据单独考虑。

9.1　一般性理解

在决策树中，节点的拆分方式基于由节点内部数据计算而来的熵。熵表示节点中的数据有多"纯净"。熵越高，数据越不纯。我们来学习如何计算熵，以便更好地理解决策树。

假设一个数据集有 m 个类别。该数据集的熵通常根据公式(9-1)计算。

$$H = -\sum_{k=1}^{m} P_K \log_2(P_k) \tag{9-1}$$

在公式(9-1)中，P_K 是第 k 个类别出现的概率，它用于加权 $\log_2(P_k)$。假设有 10 个数据项，其中 3 个是"yes"，7 个是"no"。因为只有两个类别（"yes"和"no"），所以 $m = 2$。

❑ 对于"yes"，$P = 3/10 = 0.3$，$\log_2(P) \approx -1.74$，$P\log_2(P) \approx -0.52$。

❑ 对于"no"，$P = 7/10 = 0.7$，$\log_2(P) \approx -0.51$，$P\log_2(P) \approx -0.36$。

❑ $H = -(-0.52 - 0.36) = 0.88$。

如果有 10 个"yes"，0 个"no"，则计算结果如下。

❑ 对于"yes"，$P = 10/10 = 1$，$\log_2(P) = 0$，$P\log_2(P) = 0$。

❑ 对于"no"，$P = 0/10 = 0$，$P\log_2(P) = 0$（假设 $\log_2(0)$ 不算错误）。

❑ $H = -(0 + 0) = 0$。

如果"yes"和"no"各为 5，则计算得出的 H 等于 1.0。

似乎数据越偏向某一类，熵就越低。决策树方法倾向于选择产生最小熵的属性来拆分节点，这很好理解。假设面前有两条路，我们需要选择一条到达目的地。如果两条路让我们准时到达的可能性是一样的，那么我们会发现自己犹豫不决（$H = 1$）。如果有一条路更有可能让我们准时到达，我们就不难做出决定。如果只有一条路，选择则是确定无疑的（$H = 0$）。

在公式(9-1)中，出现了以 2 为底的对数，这是决策树中最常用的对数函数。当数据集只有两个类别时，以 2 为底的对数保证熵在 0 和 1 之间（包含 0 和 1）。当有两个以上的类别时，以 2 为底的对数则不能保证这一点。如果我们希望熵在 0 和 1 之间，那么当有 n 个类别时，必须使用以 n 为底的对数函数。

让我们使用众所周知的高尔夫数据集（也称为天气数据集，见表 9-1）来解释决策树是如何构建的。

表 9-1　高尔夫数据集

Temperature	Humidity	Windy	Outlook	Play
hot	high	FALSE	overcast	yes
cool	normal	TRUE	overcast	yes
mild	high	TRUE	overcast	yes
hot	normal	FALSE	overcast	yes
mild	high	FALSE	rainy	yes
cool	normal	FALSE	rainy	yes
cool	normal	TRUE	rainy	no
mild	normal	FALSE	rainy	yes
mild	high	TRUE	rainy	no
hot	high	FALSE	sunny	no
hot	high	TRUE	sunny	no
mild	high	FALSE	sunny	no
cool	normal	FALSE	sunny	yes
mild	normal	TRUE	sunny	yes

这个数据集非常简单，其中只有 14 个样本和 4 个属性。打不打高尔夫取决于这 4 个属性。要基于此训练数据集构建决策树，首先要做的就是找到一个属性，从一开始就把树拆分成多个分支。为此，我们需要计算目标变量 Play 的熵和与目标变量相关的 4 个属性的熵。

对于目标变量 Play，有 9 个 "yes" 和 5 个 "no"。因此，我们根据公式(9-1)得到如下结果。

```
H-play = -(9/14×log2(9/14)+5/14×log2(5/14)) = 0.94
```

属性 Outlook 可以取 3 个值："overcast" "rainy" "sunny"，它们各有 4、5、5 个数据点。考虑 "overcast"，4 个 "overcast" 对应 4 个 "yes" 和 0 个 "no"。因此，我们得到如下结果。

```
H-outlook-overcast = -(4/4×log2(4/4)+0/4×log2(0/4)) = 0.0
```

注意，这里的 log2(0)等于 0。

同理，5 个 "rainy" 对应 3 个 "yes" 和 2 个 "no"，5 个 "sunny" 对应 2 个 "yes" 和 3 个 "no"。因此，我们得到如下结果。

```
H-outlook-rainy = -(3/5×log2(3/5)+2/5×log2(2/5)) = 0.97
H-outlook-sunny = -(2/5×log2(2/5)+3/5×log2(3/5)) = 0.97
```

3 个子熵值在相加之前必须进行加权。"overcast""rainy""sunny"的权重分别为 4/14、5/14、5/14。因此,我们得到如下结果。

```
H-outlook = 4/14×0.0+5/14×0.97+5/14×0.97 = 0.69
```

继续计算 Temperature、Humidity、Windy 的熵,如下所示。

```
H-temperature = 0.91
H-humidity = 0.79
H-windy = 0.89
```

这里要引入另一个概念:**信息增益**(information gain),代表根据某个属性拆分当前数据集所获得的信息量。它被定义为目标变量的熵与一个属性的熵之差。举例来说,Outlook 的信息增益为:$0.94 - 0.69 = 0.25$。

信息增益偏向于具有更多值的属性。为了减少这种偏差,可以使用**增益比**。属性的增益比定义如下。

属性的增益比 = 属性的信息增益/属性的内在信息

属性的内在信息(intrinsic information)由公式(9-2)计算。

$$S = -\sum_{k=1}^{C} \frac{N_k}{N} \log_2\left(\frac{N_k}{N}\right) \tag{9-2}$$

在公式(9-2)中,N 表示数据大小,N_k 是给定属性值的数据点数量,C 则是属性的不同值的数量。

让我们再次以属性 Outlook 为例来实现公式(9-2)。

❑ Outlook 有 3 个值:"overcast""rainy""sunny"。因此,$C = 3$。
❑ 共有 4 个"overcast",因此 $N\text{-overcast} = 4$。
❑ 同理,$N\text{-rainy} = 5$,$N\text{-sunny} = 5$。

属性 Outlook 的内在信息计算如下。

```
S-outlook
= -(4/14×log2(4/14)+5/14×log2(5/14)+5/14×log2(5/14))
= 1.58
```

最终得出属性 Outlook 的增益比为:$(0.94 - 0.69)/1.58 \approx 0.16$。

在我们的决策树示例中，由于信息增益是节点拆分的一个很好的度量，因此我们不会计算每个属性的增益比。相反，我们选择具有最大信息增益的属性来拆分节点。在这种情况下，我们选择 Outlook，根据 3 个值将树节点拆分为 3 个子节点：overcast、rainy、sunny。

因为 overcast 节点的熵为 0.0，所以只能作为叶节点。另外两个节点（rainy 节点和 sunny 节点）可以根据 Temperature、Windy 或 Humidity 进一步划分。

9.2 通过 Excel 学习决策树

先前的计算过程非常烦琐并且容易出错，让我们使用 Excel 加以简化。打开 Chapter9-1a.xlsx，其中只有一张名为 level-1 的工作表（level-1 表示这是决策树的第 1 层）。Chapter9-1a.xlsx 中的数据与表 9-1 完全相同，如图 9-2 所示。

	A	B	C	D	E
1	Temperature	Humidity	Windy	Outlook	Play
2	hot	high	FALSE	overcast	yes
3	cool	normal	TRUE	overcast	yes
4	mild	high	TRUE	overcast	yes
5	hot	normal	FALSE	overcast	yes
6	mild	high	FALSE	rainy	yes
7	cool	normal	FALSE	rainy	yes
8	cool	normal	TRUE	rainy	no
9	mild	normal	FALSE	rainy	yes
10	mild	high	TRUE	rainy	no
11	hot	high	FALSE	sunny	no
12	hot	high	TRUE	sunny	no
13	mild	high	FALSE	sunny	no
14	cool	normal	FALSE	sunny	yes
15	mild	normal	TRUE	sunny	yes

图 9-2　Excel 中的高尔夫数据集

9.2.1　开始学习

我们需要在适当的表格中设置数据，以便自动填充公式。我们在前面的章节中已经看到过这样的表格组织形式。

1. 在单元格 A16 中输入文本 "Sample-size"，在单元格 B16 中输入 14。14 是数据大小。

2. 在单元格 E17 中输入文本 "p*log(p)"，用于表示公式(9-1)中的 $P_K \log_2(P_k)$。

3. 在单元格 F17 中输入文本 "entropy"。

4. 合并单元格 B18 和 B19，在合并后的单元格中输入文本 "Play"。

5. 在单元格 C18 中输入文本 "yes"，在单元格 C19 中输入文本 "no"。

至此，工作表的部分内容如图 9-3 所示，只不过我们的工作表在单元格 D18 或 D19 中没有数字。别担心，我们马上就会计算出来。

	A	B	C	D	E	F
14	cool	normal	FALSE	sunny	yes	
15	mild	normal	TRUE	sunny	yes	
16	Sample-size	14				
17					p*log(p)	entropy
18		Play	yes	9		
19			no	5		
20						

图 9-3   高尔夫数据集和用于目标变量 Play 的表格设置

按照以下操作说明计算目标变量 Play 的熵。

6. 在单元格 D18 中输入公式=COUNTIFS($E$2:$E$15,C18)。该公式统计 Play 中有多少个 "yes"。

7. 从单元格 D18 自动填充至 D19。D19 统计 Play 中有多少个 "no"。

8. 在单元格 E18 中输入公式=D18/$B$16*LOG(D18/$B$16,2)。该公式计算 $P_{yes} \times \log_2(P_{yes})$。

9. 从单元格 E18 自动填充至 E19。E19 计算 $P_{no} \times \log_2(P_{no})$。

10. 合并单元格 F18 和 F19，在合并后的单元格中输入公式=-SUM(E18:E19)。结果为目标变量 Play 的熵。

工作表如图 9-4 所示。

	A	B	C	D	E	F
16	Sample-size		14			
17					p*log(p)	entropy
18		Play	yes	9	-0.40977638	0.94028596
19			no	5	-0.53050958	
20						

图 9-4　计算 Play 的熵

该为这 4 个属性设置适合的表格了。诀窍在于，只要正确定义了第一个公式，剩下的就是如何让垂直自动填充能够应用于处在不同列中的不同属性（参见图 9-2）。这听起来可能不好办，但函数 INDEX 可以助你一臂之力。

函数 INDEX 需要一个数组（其实就是一张表格）作为第 1 个输入参数。如果第 2 个参数（行）为 0，则该函数返回由数组中的列号指定的列。在数据集中，Temperature、Humidity、Windy、Outlook 分别是第 1、2、3、4 列。INDEX($A$2:$E$15,0,1)获取 Temperature 列，INDEX($A$2:$E$15,0,4)则获取 Outlook 列。

按照以下操作说明，为 4 个属性设置辅助表格。

11. 在单元格 A22:A31 中分别输入 1、1、1、2、2、3、3、4、4、4。

12. 在单元格 D21:J21 中分别输入文本 "yes" "no" "p*log(p)-yes" "p*log(p)-no" "weighted" "entropy" "info gain"。"weighted" 列中保存每个属性值的加权熵。

13. 合并单元格 B22:B24，在合并后的单元格中输入文本 "Temperature"。

14. 在单元格 C22、C23、C24 中分别输入文本 "hot" "mild" "cool"。

工作表的部分内容如图 9-5 所示。注意，在将单元格 A22:A24 与 C22:C24 对齐时，"hot" "mild" "cool" 都对应于 1，因为它们都是属性 Temperature 的值，即 A1:E15 中的第 1 列。

15. 合并单元格 B25:B26，在合并后的单元格中输入文本 "Humidity"。

16. 在单元格 C25 和 C26 中分别输入文本 "high" 和 "normal"。

17. 合并单元格 B27:B28，在合并后的单元格中输入文本 "Windy"。

	A	B	C	D	E	F	G	H	I	J
18		Play	yes	9	-0.40977638	0.94028596				
19			no	5	-0.53050958					
20										
21				yes	no	p*log(p)-yes	p*log(p)-r	weighted entropy		info gain
22	1		hot							
23	1	Temperature	mild							
24	1		cool							
25	2									
26	2									
27	3									
28	3									
29	4									
30	4									
31	4									

图 9-5　已设置好的部分表格

18. 在单元格 C27 和 C28 中分别输入文本“TRUE”和“FALSE”。

19. 合并单元格 B29:B31，在合并后的单元格中输入文本“Outlook”。

20. 在单元格 C29、C30、C31 中分别输入文本“overcast”“rainy”“sunny”。

工作表的部分内容如图 9-6 所示。

	A	B	C	D	E	F	G	H	I	J
16	Sample-size	14								
17					p*log(p)	entropy				
18		Play	yes	9	-0.40977638	0.94028596				
19			no	5	-0.53050958					
20										
21				yes	no	p*log(p)-yes	p*log(p)-no	weighted entropy		info gain
22	1		hot							
23	1	Temperature	mild							
24	1		cool							
25	2	Humidity	high							
26	2		normal							
27	3	Windy	TRUE							
28	3		FALSE							
29	4		overcast							
30	4	Outlook	rainy							
31	4		sunny							

图 9-6　已设置好的全部表格

辅助表格准备就绪，按照以下操作说明计算熵和信息增益。

21. 在单元格 D22 中输入以下公式。

```
=COUNTIFS(INDEX($A$2:$E$15,0,$A22),$C22,$E$2:$E$15,D$21)
```

单元格 A22 引用 1。因此，INDEX($A$2:$E$15,0,$A22) 获取 "Temperature" 列。该公式统计 Temperature 为 "hot" 且 Play 为 "yes" 的数据点有多少个。

22. 从单元格 D22 自动填充至 E22，然后一并自动填充至单元格 D31:E31，如图 9-7 所示。

	A	B	C	D	E	F
20						
21				yes	no	p*log(p)-yes
22	1		hot	2	2	
23	1	Temperature	mild	4	2	
24	1		cool	3	1	
25	2	Humidity	high	3	4	
26	2		normal	6	1	
27	3	Windy	TRUE	3	3	
28	3		FALSE	6	2	
29	4		overcast	4	0	
30	4	Outlook	rainy	3	2	
31	4		sunny	2	3	
32						

图 9-7　跨属性自动填充

23. 在单元格 F22 中输入以下公式。

```
=IFERROR(D22/SUM($D22:$E22)*LOG(D22/SUM($D22:$E22), 2), 0)
```

SUM($D22:$E22) 可能返回 0，因此表达式 D22/SUM($D22:$E22) 会出现除零错误。此外，函数 LOG 不能使用 0 作为输入。因此，这里使用函数 IFERROR 来捕获这样的错误。如果出现错误，就返回 0。

该公式计算属性值 "hot" 的 $P_{yes} \times \log_2(P_{yes})$。

24. 从单元格 F22 自动填充至 G22，然后一并自动填充至单元格 F31:G31。注意，单元格 G22 计算属性值 "hot" 的 $P_{no} \times \log_2(P_{no})$。

25. 在单元格 H22 中输入公式 =-SUM($D22:$E22)/$B$16*(F22+G22)。结果值是属性 Temperature 的值 "hot" 的加权子熵。

26. 从单元格 H22 自动填充至 H31。工作表的部分内容如图 9-8 所示。

	A	B	C	D	E	F	G	H	I	J
21				yes	no	p*log(p)-yes	p*log(p)-r	weighted	entropy	info gain
22	1		hot	2	2	-0.5	-0.5	0.285714		
23	1	Temperature	mild	4	2	-0.389975	-0.5283	0.393555		
24	1		cool	3	1	-0.311278	-0.5	0.231794		
25	2	Humidity	high	3	4	-0.523882	-0.4613	0.492614		
26	2		normal	6	1	-0.190622	-0.4011	0.295836		
27	3	Windy	TRUE	3	3	-0.5	-0.5	0.428571		
28	3		FALSE	6	2	-0.311278	-0.5	0.463587		
29	4		overcast	4	0	0	0	0		
30	4	Outlook	rainy	3	2	-0.442179	-0.5288	0.346768		
31	4		sunny	2	3	-0.528771	-0.4422	0.346768		

图 9-8   计算单个熵值

27. 在单元格 I22 中输入公式=SUMIFS(H$22:H$31,$A$22:A$31,A22)，从 I22 自动填充至 I31。I22 中的公式计算属性 Temperature 的熵。

28. 在单元格 J22 中输入公式=F$18-I22，获得属性 Temperature 的信息增益。从 J22 自动填充至 J31。将我们的结果与图 9-9 比较。

	D	E	F	G	H	I	J
21	yes	no	p*log(p)-yes	p*log(p)-r	weighted	entropy	info gain
22	2	2	-0.5	-0.5	0.285714	0.911063	0.029223
23	4	2	-0.389975	-0.52832	0.393555	0.911063	0.029223
24	3	1	-0.31127812	-0.5	0.231794	0.911063	0.029223
25	3	4	-0.52388247	-0.46135	0.492614	0.78845	0.151836
26	6	1	-0.19062208	-0.40105	0.295836	0.78845	0.151836
27	3	3	-0.5	-0.5	0.428571	0.892159	0.048127
28	6	2	-0.31127812	-0.5	0.463587	0.892159	0.048127
29	4	0	0	0	0	0.693536	0.24675
30	3	2	-0.44217936	-0.52877	0.346768	0.693536	0.24675
31	2	3	-0.52877124	-0.44218	0.346768	0.693536	0.24675

图 9-9   计算熵和信息增益

29. 分别合并单元格 I22:I24、I25:I26、I27:I28、I29:I31、J22:J24、J25:J26、J27:J28、J29:J31。计算结果如图 9-10 所示。因为属性 Outlook 的信息增益最大，所以被选择用于拆分 level-1 的树节点。

	C	D	E	F	G	H	I	J
18	yes		9	-0.40977638	0.94028596			
19	no		5	-0.53050958				
20								
21		yes	no	p*log(p)-yes	p*log(p)-r	weighted	entropy	info gain
22	hot	2	2	-0.5	-0.5	0.285714		
23	mild	4	2	-0.389975	-0.52832	0.393555	0.911063	0.029223
24	cool	3	1	-0.31127812	-0.5	0.231794		
25	high	3	4	-0.52388247	-0.46135	0.492614	0.78845	0.151836
26	normal	6	1	-0.19062208	-0.40105	0.295836		
27	TRUE	3	3	-0.5	-0.5	0.428571	0.892159	0.048127
28	FALSE	6	2	-0.31127812	-0.5	0.463587		
29	overcast	4	0	0	0	0		
30	rainy	3	2	-0.44217936	-0.52877	0.346768	0.693536	0.24675
31	sunny	2	3	-0.52877124	-0.44218	0.346768		

图 9-10　根据 Outlook 拆分 level-1

30. 我们绘制了简单的"树形图",如图 9-11 所示。由于加权熵 H-outlook-overcast 为 0,因此子节点 overcast(4, 0)是叶节点。下一个任务是拆分节点 rainy(3, 2)和 sunny(2, 3)。

	C	D	E	F	G	H	I	
25	high	3	4	-0.523882466	-0.46135	0.492614068	0.78845	0
26	normal	6	1	-0.190622075	-0.40105	0.295836389		
27	TRUE	3	3	-0.5	-0.5	0.428571429	0.892159	0
28	FALSE	6	2	-0.311278124	-0.5	0.4635875		
29	overcast	4	0	0	0	0	0.693536	(
30	rainy	3	2	-0.442179356	-0.52877	0.346768069		
31	sunny	2	3	-0.528771238	-0.44218	0.346768069		
32								
33								
34				Outlook				
35								
36		rainy(3,2)		overcast(4,0)		sunny(2,3)		
37								
38								

图 9-11　简单的树形图

按照以下操作说明拆分节点 rainy(3, 2)。

31. 创建工作表 level-1 的副本,将新工作表命名为 level-2-rainy。

32. 进入工作表 level-2-rainy,在单元格 F1 中输入文本"rainy"。

33. 在单元格 B16 中输入公式=COUNTIFS($D$2:$D$15,$F$1)。该公式只统计 Outlook 的值为 "rainy" 的单元格的数量。

确保工作表如图 9-12 所示。

	A	B	C	D	E	F
1	Temperature	Humidity	Windy	Outlook	Play	rainy
2	hot	high	FALSE	overcast	yes	
3	cool	normal	TRUE	overcast	yes	
4	mild	high	TRUE	overcast	yes	
5	hot	normal	FALSE	overcast	yes	
6	mild	high	FALSE	rainy	yes	
7	cool	normal	FALSE	rainy	yes	
8	cool	normal	TRUE	rainy	no	
9	mild	normal	FALSE	rainy	yes	
10	mild	high	TRUE	rainy	no	
11	hot	high	FALSE	sunny	no	
12	hot	high	TRUE	sunny	no	
13	mild	high	FALSE	sunny	no	
14	cool	normal	FALSE	sunny	yes	
15	mild	normal	TRUE	sunny	yes	
16	Sample-size	5				

图 9-12　拆分树节点 rainy(3, 2)

继续按照以下操作说明完成任务。

34. 单元格 D18 中的公式为=COUNTIFS($E$2:$E$15,C18)。在公式中的 "C18" 之后插入,$D$2:$D$15,$F$1,这样公式就变成了下面这样。

=COUNTIFS($E$2:$E$15,C18,$D$2:$D$15,$F$1)

同样,这是包括 Outlook 的值为 "rainy" 的单元格。

35. 从单元格 D18 自动填充至 D19。

36. 在单元格 D22 的公式中插入,$D$2:$D$15,$F$1,确保公式变为下面这样。

=COUNTIFS(INDEX($A$2:$E$15,0,$A22),$C22,$E$2:$E$15,D$21,$D$2:$D$15,$F$1)

37. 从 D22 自动填充至 E22,然后一并自动填充至单元格 D31:E31。

工作表的部分内容如图 9-13 所示。

	A	B	C	D	E	F	G	H	I	J
16	Sample-size		5							
17					p*log(p)	entropy				
18		Play	yes	3	-0.44217936	0.970950594				
19			no	2	-0.52877124					
20										
21	1		yes	no	p*log(p)-yes	p*log(p)-r	weighted	entropy	info gain
22	1		hot	0	0	0	0	0		
23	1	Temperature	mild	2	1	-0.389975	-0.52832	0.5509775	0.950978	0.019973
24	1		cool	1	1	-0.5	-0.5	0.4		
25	2		high	1	1	-0.5	-0.5	0.4		
26	2	Humidity	normal	2	1	-0.389975	-0.52832	0.5509775	0.950978	0.019973
27	3		TRUE	0	2	0	0	0		
28	3	Windy	FALSE	3	0	0	0	0	0	0.970951
29	4		overcast	0	0	0	0	0		
30	4	Outlook	rainy	3	2	-0.442179356	-0.52877	0.970950594	0.970951	0
31	4		sunny	0	0	0	0	0		

图 9-13　为 rainy(3, 2)计算所有的熵和信息增益

38. 似乎节点 rainy(3, 2)应该是基于 Windy 分叉的。因为两个子节点 Windy-t(0, 2)和 Windy-f(3, 0)的熵为 0，所以二者均是叶节点。我们可以将现有的"图表"修改为图 9-14。

	B	C	D	E	F	G	H
32							
33							
34					Outlook		
35							
36			rainy(3,2)		overcast(4,0)		sunny(2,3)
37							
38		Windy-t(0,2)	Windy-f(3,0)				
39							

图 9-14　基于 Windy 拆分节点 rainy(3, 2)

拆分节点 sunny(2, 3)非常容易。按照以下操作说明继续。

39. 创建工作表 level-2 的副本，将新工作表命名为 level-2-sunny。

40. 进入工作表 level-2-sunny，将单元格 F1 中的文本修改为"sunny"。

这就行了，所有的计算都由 Excel 自动完成。结果如图 9-15 所示。

	A	B	C	D	E	F	G	H	I	J
16	Sample-size	5								
17					p*log(p)	entropy				
18		Play	yes	2	-0.5287712	0.97095059				
19			no	3	-0.4421794					
20										
21	1		yes	no	p*log(p)-yes	p*log(p)-n	weighted	entropy	info gain	
22	1		hot	0	2	0	0	0		
23	1	Temperature	mild	1	1	-0.5	-0.5	0.4	0.4	0.57095
24	1		cool	1	0	0	0	0		
25	2		high	0	3	0	0	0		
26	2	Humidity	normal	2	0	0	0	0	0	0.97095
27	3		TRUE	1	1	-0.5	-0.5	0.4		
28	3	Windy	FALSE	1	2	-0.5283208	-0.39	0.5509775	0.95098	0.01997
29	4		overcast	0	0	0	0	0		
30	4	Outlook	rainy	0	0	0	0	0	0.97095	0
31	4		sunny	2	3	-0.5287712	-0.4422	0.970950594		

图 9-15 为 sunny(2, 3)计算所有的熵和信息增益

根据工作表 level-2-sunny 中显示的结果，我们注意到树节点 sunny(2, 3)应该基于 Humidity
分叉。由于生成的两个子节点的熵都为 0，因此二者均为叶节点，也就不用再继续拆分。结果如
图 9-16 所示。

图 9-16 决策树构建完成

属性 Temperature 从未被用于拆分树。这个数据集正好就是这种情况，也就是说，决策完全
不依赖于 Temperature。

你可以在文件 Chapter9-1b-IFERROR.xlsx 中找到上述过程的完整结果。

9.2.2 更好的方法

还记不记得我们从第 31 步开始拆分节点 rainy(3, 2)时,需要修改工作表 level-2-rainy 中的一些公式?还有一种非常相似的方法,但不用修改任何公式,详见文件 Chapter9-2b.xlsx。这种方法更好、更灵活,但关键公式稍微有些复杂。这也是我一开始没有介绍它的原因之一。另外,在对 Excel 中的决策树分析有了清晰的认识之后再引入这种方法,可以让我们对其有更好的认识。让我们按照以下操作说明继续学习。

1. 打开 Chapter9-2a.xlsx,其中只有一张名为 level-1 的工作表,它与文件 Chapter9-1b-IFERROR.xlsx 中的工作表 level-1 相同(我们之前用过)。该工作表如图 9-17 所示。

	A	B	C	D	E	F	G	H	I	J
1	Temperature	Humidity	Windy	Outlook	Play					
2	hot	high	FALSE	overcast	yes					
3	cool	normal	TRUE	overcast	yes					
4	mild	high	TRUE	overcast	yes					
5	hot	normal	FALSE	overcast	yes					
6	mild	high	FALSE	rainy	yes					
7	cool	normal	FALSE	rainy	yes					
8	cool	normal	TRUE	rainy	no					
9	mild	normal	FALSE	rainy	yes					
10	mild	high	TRUE	rainy	no					
11	hot	high	FALSE	sunny	no					
12	hot	high	TRUE	sunny	no					
13	mild	high	FALSE	sunny	no					
14	cool	normal	FALSE	sunny	yes					
15	mild	normal	TRUE	sunny	yes					
16	Sample-size	14								
17					p*log(p)	entropy				
18		Play	yes	9	-0.40977638	0.940285959				
19			no	5	-0.53050958					
20										
21	1		yes	no	p*log(p)-yes	p*log(p)-r	weighted	entropy	info gain	
22	1	hot	2	2	-0.5	-0.5	0.285714286			

图 9-17 工作表 level-1 一览

2. 在单元格 F1、G1、H1、I1 中分别输入文本 "Temperature" "Humidity" "Windy" "Outlook"。在单元格 F2:I2 中输入 "<>"(不包括引号),如图 9-18 所示。"<>" 在 Excel 中表示 "不相等"。

	A	B	C	D	E	F	G	H	I
1	Temperature	Humidity	Windy	Outlook	Play	Temperature	Humidity	Windy	Outlook
2	hot	high	FALSE	overcast	yes	<>	<>	<>	<>
3	cool	normal	TRUE	overcast	yes				
4	mild	high	TRUE	overcast	yes				
5	hot	normal	FALSE	overcast	yes				
6	mild	high	FALSE	rainy	yes				
7	cool	normal	FALSE	rainy	yes				
8	cool	normal	TRUE	rainy	no				
9	mild	normal	FALSE	rainy	yes				
10	mild	high	TRUE	rainy	no				
11	hot	high	FALSE	sunny	no				
12	hot	high	TRUE	sunny	no				
13	mild	high	FALSE	sunny	no				
14	cool	normal	FALSE	sunny	yes				
15	mild	normal	TRUE	sunny	yes				

图 9-18   数据表的额外设置

3. 在单元格 B16 中输入以下公式。

```
=COUNTIFS(A2:A15,F2,B2:B15,G2,C2:C15,H2,D2:D15,I2)
```

因为单元格 F2:I2 中都包含 "<>"，所以上述公式并没有真正为函数 COUNTIFS 设置任何条件。单元格 B16 的值依然是 14。

4. 在单元格 D18 中，将公式修改为下面这样。

```
=COUNTIFS($E$2:$E$15,C18,$A$2:$A$15,F$2,$B$2:$B$15,G$2,$C$2:$C$15,H$2,$D$2:$D$15,I$2)
```

该公式考虑了单元格 F2:I2 中的条件。

5. 从单元格 D18 自动填充至 D19。

6. 在单元格 D22 中，将公式修改为下面这样。

```
=COUNTIFS(INDEX($A$2:$E$15,0,$A22),$C22,$E$2:$E$15,D$21,$A$2:$A$15,$F$2,$B$2:$B$15,$G$2,
$C$2:$C$15,$H$2,$D$2:$D$15,$I$2)
```

该公式也考虑了单元格 F2:I2 中的条件。

7. 从单元格 D22 自动填充至 E22，然后从 D22:E22 自动填充至 D31:E31。

至此，此工作表中的一切应该已经自动安排妥当。工作表的部分内容如图 9-19 所示，与我们先前得到的结果一样。

	A	B	C	D	E	F	G	H	I	J
16	Sample-size	14								
17					p*log(p)	entropy				
18		Play	yes	9	-0.40977638	0.940285959				
19			no	5	-0.53050958					
20										
21	1			yes	no	p*log(p)-yes	p*log(p)-r	weighted	entropy	info gain
22	1		hot	2	2	-0.5	-0.5	0.285714286		
23	1	Temperature	mild	4	2	-0.389975	-0.52832	0.393555357	0.911063	0.029223
24	1		cool	3	1	-0.311278124	-0.5	0.23179375		
25	2		high	3	4	-0.523882466	-0.46135	0.492614068		
26	2	Humidity	normal	6	1	-0.190622075	-0.40105	0.295836389	0.78845	0.151836
27	3		TRUE	3	3	-0.5	-0.5	0.428571429		
28	3	Windy	FALSE	6	2	-0.311278124	-0.5	0.4635875	0.892159	0.048127
29	4		overcast	4	0	0	0	0		
30	4	Outlook	rainy	3	2	-0.442179356	-0.52877	0.346768069	0.693536	0.24675
31	4		sunny	2	3	-0.528771238	-0.44218	0.346768069		

图 9-19　采用更好的方法计算结果

8. 我们将再次拆分节点 rainy(3, 2)。创建工作表 level-1 的副本并像以前一样将其命名为 level-2-rainy。在工作表 level-2-rainy 的单元格 I2 中输入文本 "rainy"，如图 9-20 所示。这就行了，该工作表中的所有计算均由 Excel 自动完成。

	A	B	C	D	E	F	G	H	I
1	Temperature	Humidity	Windy	Outlook	Play	Temperature	Humidity	Windy	Outlook
2	hot	high	FALSE	overcast	yes	<>	<>	<>	rainy
3	cool	normal	TRUE	overcast	yes				
4	mild	high	TRUE	overcast	yes				
5	hot	normal	FALSE	overcast	yes				
6	mild	high	FALSE	rainy	yes				
7	cool	normal	FALSE	rainy	yes				
8	cool	normal	TRUE	rainy	no				
9	mild	normal	FALSE	rainy	yes				
10	mild	high	TRUE	rainy	no				
11	hot	high	FALSE	sunny	no				
12	hot	high	TRUE	sunny	no				
13	mild	high	FALSE	sunny	no				
14	cool	normal	FALSE	sunny	yes				
15	mild	normal	TRUE	sunny	yes				

图 9-20　工作表 level-2-rainy 一览

9. 为了拆分节点 sunny(2, 3)，创建工作表 level-2-rainy 的副本并将新工作表命名为 level-2-sunny。在工作表 level-2-sunny 中，将单元格 I2 中的文本更改为 "sunny"，如图 9-21 所示。同样，这就行了，所有计算都由 Excel 自动为我们完成。

	A	B	C	D	E	F	G	H	I
1	Temperature	Humidity	Windy	Outlook	Play	Temperature	Humidity	Windy	Outlook
2	hot	high	FALSE	overcast	yes	◇	◇	◇	sunny
3	cool	normal	TRUE	overcast	yes				
4	mild	high	TRUE	overcast	yes				
5	hot	normal	FALSE	overcast	yes				
6	mild	high	FALSE	rainy	yes				
7	cool	normal	FALSE	rainy	yes				
8	cool	normal	TRUE	rainy	no				
9	mild	normal	FALSE	rainy	yes				
10	mild	high	TRUE	rainy	no				
11	hot	high	FALSE	sunny	no				
12	hot	high	TRUE	sunny	no				
13	mild	high	FALSE	sunny	no				
14	cool	normal	FALSE	sunny	yes				
15	mild	normal	TRUE	sunny	yes				

图 9-21　工作表 level-2-sunny 一览

9.2.3　应用模型

决策树既是分类模型，也是预测模型。我们构建决策树模型来预测未来事件的类别。打开 Chapter9-3a.xlsx，数据表如图 9-22 所示。

	A	B	C	D	E	F	G
1	Temperature	Humidity	Windy	Outlook	Play	Probability	
2	mild	high	TRUE	overcast			
3	mild	normal	TRUE	sunny			
4	cool	high	TRUE	rainy			
5	cool	high	TRUE	rainy			
6	hot	high	FALSE	sunny			
7	hot	normal	TRUE	overcast			
8	mild	high	TRUE	sunny			
9	cool	high	TRUE	rainy			
10	cool	normal	TRUE	rainy			
11	mild	high	TRUE	rainy			
12	cool	high	FALSE	sunny			
13	cool	normal	FALSE	sunny			
14	hot	high	FALSE	overcast			
15	mild	high	FALSE	overcast			
16							
17				Outlook			
18							
19		rainy(3,2)		overcast(4,0)		sunny(2,3)	
20							
21	Windy-t(0,2)	Windy-f(3,0)				Humidity-h(0,3)	Humidity-n(2,0)

图 9-22　根据决策树预测未来事件

表中的数据是随机生成的。我们的工作是根据图 9-22 所示的决策树模型预测 Play。该决策树是基于规则的模型，最适合使用 IF 函数进行编程。

1. 在单元格 E2 中输入以下公式并从 E2 自动填充至 E15。

```
=IF(D2="overcast","yes",IF(D2="rainy",IF(C2="TRUE","no","yes"),IF(B2="high","no","yes")))
```

该公式实现了简单的决策树规则。

2. 在单元格 F2 中输入以下公式。

```
=IF(D2="overcast",4/4,IF(D2="rainy",IF(C2="TRUE",2/2,3/3),IF(B2="high",3/3,2/2)))
```

该公式计算每个 Play 类别的概率。每个 Play 类别的概率是基于每个叶节点内的数字计算出来的。如果 Outlook 的值是"overcast"，叶节点有 4 个"yes"和 0 个"no"，则此概率为 4/4 = 1。假设 Outlook 的值是"sunny"，Humidity 的值是"high"，因为相应的叶节点有 0 个"yes"和 3 个"no"，所以"no"的概率为 3/3 = 1。我们的数据量非常小，这将每个叶节点简化为仅有一个类别的数据。这就是图 9-23 中所有概率值（"Probability"列）均为 1 的原因。

注意，为了更好地演示，我们在上述公式中使用的是实际数值，而不是单元格引用。

	A	B	C	D	E	F
1	Temperature	Humidity	Windy	Outlook	Play	Probability
2	mild	high	TRUE	overcast	yes	1
3	mild	normal	TRUE	sunny	yes	1
4	cool	high	TRUE	rainy	no	1
5	cool	high	TRUE	rainy	no	1
6	hot	high	FALSE	sunny	no	1
7	hot	normal	TRUE	overcast	yes	1
8	mild	high	TRUE	sunny	no	1
9	cool	high	TRUE	rainy	no	1
10	cool	normal	TRUE	rainy	no	1
11	mild	high	TRUE	rainy	no	1
12	cool	high	FALSE	sunny	no	1
13	cool	normal	FALSE	sunny	yes	1
14	hot	high	FALSE	overcast	yes	1
15	mild	high	FALSE	overcast	yes	1

图 9-23　决策树概率计算

在我看来，仅仅基于每个叶节点内部的数值来计算概率是有争议的。然而，这不是本书讨论的主题。你可以在文件 Chapter9-3b.xlsx 中找到完整的预测结果。

本章到此结束。决策树方法的一个关键之处是可视化模型。当然，Excel 不适合绘制自定义的决策树。尽管如此，本章已经证明了 Excel 有能力进行决策树分析。

9.3 复习要点

1. 熵

2. 信息增益

3. 增益比

4. 设置辅助表格

5. Excel 函数 IF、COUNTIFS、SUMIFS、INDEX

6. Excel 函数 LOG、IFERROR

7. 复制工作表以继续拆分树节点

第 10 章

关联分析

相关性（correlation）衡量两个数值变量之间的线性关联强度。强度由相关系数表示，该系数必须在-1 ~ 1 的范围内（包括-1 和 1）。给定两个变量 X 和 Y，如果二者正相关，那么 X 和 Y 的走向相同。举例来说，X 是每日温度，Y 是冰激凌销售额。X 越高，Y 越大；或者说 X 越低，Y 越小。如果 X 和 Y 负相关，那么二者的走向相反，比如汽车里程和车重。当相关系数接近 0 时，X 和 Y 之间没有相关性。在 Excel 中通过函数 CORREL 计算相关系数非常简单，如图 10-1 所示。

	A	B	C	D	E
1	1	11		20	10
2	2	12		19	9
3	3	13		18	8
4	4	14		17	7
5	5	15		16	6
6	6	16		15	5
7	7	17		14	4
8	8	18		13	3
9	9	19		12	2
10	10	20		11	1
11					
12			=CORREL(A1:B10, D1:E10)		

图 10-1　在 Excel 中计算相关系数

相关性是一种特殊类型的关联。相关性研究要求两个变量是数值，并且只能测量线性关系，而关联分析没有这样的限制。关联分析测量两个或多个变量之间的共现强度。它是一种有效的交叉销售数据挖掘技术，也可应用于生物医学研究，比如基因网络研究。

10.1   一般性理解

关联分析最广为人知的应用是所谓市场购物篮分析，可用于计算一件（或多件）商品与另一件商品在同一购买交易中的共现强度。通过识别经常被一起购买的商品，商店（通常是零售店或超市）可以采取相关的措施来提高销售额。此类措施包括将某些商品放在一起、捆绑价格促销等。

通常的理解是在那些频繁购买的商品中找到共现性。所以，我们需要理解的第一个概念是"支持度百分比"，或者简称为"支持度"（support）。项（或项集）的支持度定义为项（或项集）在交易集中的出现频率。我将使用表 10-1 中的数据来解释支持度的概念。

表 10-1   购物篮样本

购物篮	啤酒	电影	尿布	钢笔	大米	苹果	果汁
1	1		1				
2	1	1		1		1	
3						1	1
4			1				
5	1	1					
6	1		1		1		
7							
8	1	1	1				
9	1	1					
10					1	1	1
11	1		1				
12		1					1

在表 10-1 中，一个购物篮代表一次购买交易，共计有 12 次交易。数字 1 表示该项出现在特定交易中。因为啤酒在 12 次交易中出现了 7 次，所以啤酒的支持度为 7/12。同理，钢笔的支持度为 1/12，苹果的支持度为 3/12。

另一个重要的概念是"置信度"（confidence）。置信度类似于条件概率。购买啤酒时，多久也购买一次尿布？如果用 B 表示啤酒，用 D 表示尿布，那么此概率表示为置信度(B ➤ D)。以表 10-1 中的数据为例，购买啤酒时，尿布也被购买了 4 次，因此置信度(B ➤ D) = 4/7。

注意，置信度(D➤B) = 4/5，因为尿布被购买了 5 次，其中有 4 次是和啤酒一起购买的。这说明项集(B, D)和项集(D, B)不同。

按照以下操作说明来学习关联分析。

1. 假设最小支持度为 0.25，最小置信度为 0.6。

2. 因为钢笔和大米的支持度都低于 0.25，所以任何包含钢笔或大米的项集的支持度也将低于 0.25。我们感兴趣的项仅限于啤酒、电影、尿布、苹果和果汁。因此，要分析的数据减少了，如表 10-2 所示。

表 10-2　应用最小支持度之后的购物篮数据

购　物　篮	啤　　酒	电　　影	尿　　布	苹　　果	果　　汁
1	1		1		
2	1	1		1	
3				1	1
4			1		
5	1	1			
6	1		1		
7					
8	1	1	1		
9	1	1			
10				1	1
11	1		1		
12		1			1

3. 假设我们只对包含至少两项的项集感兴趣。共计有 20 个大小为 2 的项集。尽管手动评估可行，但这样做会非常乏味且容易出错。只有(电影, 啤酒)、(尿布, 啤酒)、(苹果, 果汁)、(果汁, 苹果)这 4 个项集满足置信度要求。但是，(苹果, 果汁)和(果汁, 苹果)没有达到支持度标准，因为两者的支持度小于 0.25。因此，只剩下两个大小为 2 的项集。结果如表 10-3 所示。

表 10-3　大小为 2 的项集

项　　集	支　持　度	置　信　度	项　　集	支　持　度	置　信　度
(啤酒, 电影)	4/12	4/7	(电影, 苹果)	1/12	1/5
(电影, 啤酒)	4/12	4/5	(苹果, 电影)	1/12	1/3
(啤酒, 尿布)	4/12	4/7	(电影, 果汁)	1/12	1/5
(尿布, 啤酒)	4/12	4/5	(果汁, 电影)	1/12	1/3
(啤酒, 苹果)	1/12	1/7	(尿布, 苹果)	0	0
(苹果, 啤酒)	1/12	1/3	(苹果, 尿布)	0	0
(啤酒, 果汁)	0	0	(尿布, 果汁)	0	0
(果汁, 啤酒)	0	0	(果汁, 尿布)	0	0
(电影, 尿布)	1/12	1/5	(苹果, 果汁)	2/12	2/3
(尿布, 电影)	1/12	1/5	(果汁, 苹果)	2/12	2/3

4. 大小为 3 的项集现在只能由 3 件商品组成：啤酒、电影、尿布。共有 6 个项集：(啤酒, {电影, 尿布})、(电影, {啤酒, 尿布})、(尿布, {啤酒, 电影})、({电影, 尿布}, 啤酒)、({啤酒, 尿布}, 电影)、({啤酒, 电影}, 尿布)。然而，啤酒、电影、尿布只能共现一次；大小为 3 的项集都无法满足最小支持度的要求，也就是说，没有大小为 3 的项集能满足要求。既然如此，那肯定也没有大小为 4 或 5 的项集能满足要求。

我们的结论是，基于给定的最小支持度和最小置信度，上述关联分析仅识别出两个有意义的项集：(电影, 啤酒)和(尿布, 啤酒)。

10.2　通过 Excel 学习关联分析

打开文件 Chapter10-1a.xlsx，其中包含 1000 份收据（交易）的 3538 条记录。数据由 Dekhtyar 教授友情提供。部分数据如图 10-2 所示。

	A	B	C	D
1	Receipt	Quantity	ItemOnReceipt	
2	1	3	7	
3	1	4	15	
4	1	2	49	
5	1	5	44	
6	2	1	1	
7	2	2	19	
8	3	1	1	
9	3	1	19	
10	4	1	18	
11	4	1	35	
12	4	5	3	

图 10-2 购物篮数据

Chapter10-1a.xlsx 中的数据根据收据编号排序。A 列为收据编号，C 列为收据上的项，B 列为收据上每一项的购买量。举例来说，第 2 ~ 5 行显示的是收据 1 中编号为 7、15、49、44 的项。我们在这次研究中忽略购买量。

为了进行关联分析，必须将 Chapter10-1a.xlsx 中的数据重新组织为表 10-1 所示的形式。通过应用公式`=MAX(C2:C3539)`和`=MIN(C2:C3539)`，我们知道有 50 项，编号从 0 到 49。为了区分数值 0 和 1 与项的编号 0 和 1，我们将在每项的编号前放置字母“I”。按照以下操作说明组织 Chapter10-1a.xlsx 中的数据。

1. 在单元格 D1 中输入文本“Item”，在单元格 E1 中输入文本“Receipt#”。
2. 在单元格 D2 中输入公式`="I"&C2`。字母 I 位于一对双引号内。
3. 从单元格 D2 自动填充至 D3539。
4. 因为 1000 份收据的编号是从 1 到 1000，所以在单元格 E2 中输入 1，在单元格 E3 中输入 2。选中单元格 E2 和 E3，然后自动填充至单元格 E1001。
5. 在单元格 F1 中输入“I0”，从 F1 沿水平方向自动填充至 BC1。单元格 F1:BC1 包含编号为 I0 ~ I49 的项。工作表的部分内容如图 10-3 所示。

▲	A	B	C	D	E	F	G	H	I	J
1	Receipt	Quantity	ItemOnReceipt	Item	Receipt#	I0	I1	I2	I3	I4
2	1	3	7	I7	1					
3	1	4	15	I15	2					
4	1	2	49	I49	3					
5	1	5	44	I44	4					
6	2	1	1	I1	5					
7	2	2	19	I19	6					
8	3	1	1	I1	7					
9	3	1	19	I19	8					
10	4	1	18	I18	9					
11	4	1	35	I35	10					
12	4	5	3	I3	11					
13	4	5	15	I15	12					
14	4	1	44	I44	13					
15	4	1	4	I4	14					
16	5	4	4	I4	15					

图 10-3　组织数据

6. 收据上有的项应在相应单元格中显示为数值 1。举例来说，单元格 G3 的值应为 1，因为项 I1 在收据#2 上。同理，由于 I7 在收据#1 上，因此单元格 M2 的值也应该为 1。单元格 F2、G2、H2 的值应为 0，因为项 I0、I1、I2 不在收据#1 上。如果某一项在收据上，那么我们需要一个公式为该项分配 1，否则分配 0。在单元格 F2 中输入以下公式。

```
=COUNTIFS($A$2:$A$3539,$E2,$D$2:$D$3539,F$1)
```

在该公式中，$A$2:$A$3539,$E2 返回第 2~5 行，因为$E2 匹配 1。但是在 D 列中，4 行没有一个值等于 F$1(I0)。故公式在单元格 F2 中返回 0。

7. 从单元格 F2 自动填充至 BC2，然后一并自动填充至 F1001:BC1001。部分数据如图 10-4 所示。

在这个例子中，我们将检查大小为 2 的所有可能的项集。因此，需要建立一张表格，使表格的行和列都由每一项标记。稍后，我们还得计算每个项集的置信度和支持度。为此，我们需要计算两项在单份收据上的共现次数，以及某一项出现在收据上的次数。

	ItemOnReceipt	Items	Receipt#	I0	I1	I2	I3	I4	I5	I6	I7	I8	I9
1													
2	7	I7	1	0	0	0	0	0	0	0	1	0	0
3	15	I15	2	0	1	0	0	0	0	0	0	0	0
4	49	I49	3	0	1	0	0	0	0	0	0	0	0
5	44	I44	4	0	0	0	1	1	0	0	0	0	0
6	1	I1	5	0	0	1	0	1	0	0	1	0	1
7	19	I19	6	0	0	0	0	0	0	0	0	0	0
8	1	I1	7	0	0	0	0	1	0	0	0	0	0
9	19	I19	8	0	0	0	0	0	0	0	0	0	0
10	18	I18	9	0	0	1	0	0	0	0	0	0	0
11	35	I35	10	0	0	0	1	0	0	0	0	0	0
12	3	I3	11	0	0	0	0	0	0	0	0	0	0
13	15	I15	12	0	0	0	0	0	0	0	0	0	0
14	44	I44	13	0	0	0	0	0	0	0	0	0	0
15	4	I4	14	0	1	0	0	0	0	0	0	0	0
16	4	I4	15	0	0	0	0	0	1	0	0	0	0
17	9	I9	16	0	0	0	0	0	0	0	0	0	0
18	23	I23	17	0	0	0	0	1	0	1	0	0	1
19	2	I2	18	0	1	0	0	0	0	0	0	0	0
20	7	I7	19	0	0	0	0	0	0	0	1	0	0

图 10-4　为关联分析创建数据表

8. 在单元格 BG1 中输入文本 "I0"，然后沿水平方向自动填充至单元格 DD1。

9. 在单元格 BF2 中输入文本 "Occurrences"，在单元格 BG2 中输入公式 =COUNTIFS(F2:F1001,1)，然后从 BG2 自动填充至 DD2。BG2:DD2 引用的是 "某一项出现在收据上的次数"，例如项 I0 出现在 84 份收据上（如图 10-5 所示）。

10. 在单元格 BE3 中输入 1，在单元格 BE4 中输入 2。选中单元格 BE3 和 BE4，将其自动填充至单元格 BE52。该操作会在单元格 BE3 ~ BE52 中分别填入数字 1 ~ 50。这些数字将用于引用数据表 F2:BC1001 中的某一列，因为 F2:BC1001 中共有 50 列，一列正好对应一项。

11. 在单元格 BF3 中输入 "I0"，从 BF3 自动填充至 BF52。

将我们的工作表与图 10-5 比较。如果两者之间存在差异，则需要检查公式，并确保项的名称中没有空格。举例来说，在单元格 F1 或单元格 BG1 中，如果将项的名称输入为 "I0 "，则 I0 的计算就会出错。

	BC	BD	BE	BF	BG	BH	BI	BJ	BK	BL
1	I49				I0	I1	I2	I3	I4	I5
2		1		Occurrences	84	85	72	78	91	103
3		0	1	I0						
4		0	2	I1						
5		0	3	I2						
6		0	4	I3						
7		0	5	I4						
8		0	6	I5						
9		0	7	I6						
10		0	8	I7						
11		0	9	I8						
12		0	10	I9						
13		0	11	I10						
14		1	12	I11						
15		0	13	I12						

图 10-5　设置关联表

12. 让我们来计算两项在单份收据上的共现次数。在单元格 BG3 中输入以下公式。

```
=COUNTIFS(INDEX($F$2:$BC$1001,0,$BE3),1,F$2:F$1001,1)
```

因为 BE3 = 1，所以公式 INDEX($F$2:$BC$1001,0,$BE3)从 F2:BC1001 中获取第 1 列，也就是项 I0 的列，即 F2:F1001。因此，上述公式在单元格 BG3 中变为=COUNTIFS(F2:F1001,1, F$2:F$1001,1)。该公式计算同时满足两个条件的行数：F2:F1001 中的单元格值为 1 且在 F$2:F$1001 中的单元格值也为 1。

在这个特定的公式中，这两个条件碰巧是相同的，因为单元格 BG3 用于项集(I0, I0)。这可能会令人困惑。我们继续往下进行，我很快就会做出解释。

13. 从单元格 BG3 自动填充至 DD3，然后一并自动填充至 BG52:DD52。我们来看看单元格 BH3 中的公式。

```
=COUNTIFS(INDEX($F$2:$BC$1001,0,$BE3),1,G$2:G$1001,1)
```

INDEX($F$2:$BC$1001,0,$BE3)仍然会返回项 I0 的 F2:F1001。但是，G$2:G$1001 属于项 I1。因此，该公式现在统计的是项 I0 和项 I1 共同出现在单份收据上的次数。

另一个例子是单元格 BJ4 中的公式。

```
=COUNTIFS(INDEX($F$2:$BC$1001,0,$BE4),1,I$2:I$1001,1)
```

因为 BE4 = 2，所以该公式实际上等同于下面的公式。

```
=COUNTIFS(G$2:G$1001,1,I$2:I$1001,1)
```

显然，单元格 BJ4 统计的是项 I1 和项 I3 在单份收据上共同出现的次数。

至此，比较一下我们的工作表和图 10-6。

▲	BE	BF	BG	BH	BI	BJ	BK	BL	BM	BN
1			I0	I1	I2	I3	I4	I5	I6	I7
2		Occurrences	84	85	72	78	91	103	34	93
3	1	I0	84	3	40	2	2	4	5	2
4	2	I1	3	85	7	8	1	6	2	4
5	3	I2	40	7	72	2	5	1	2	3
6	4	I3	2	8	2	78	6	4	1	2
7	5	I4	2	1	5	6	91	6	4	6
8	6	I5	4	6	1	4	6	103	1	7
9	7	I6	5	2	2	1	4	1	34	0
10	8	I7	2	4	3	2	6	7	0	93
11	9	I8	0	7	3	2	3	4	2	2
12	10	I9	2	2	4	5	49	6	5	8
13	11	I10	4	3	4	4	8	5	3	3
14	12	I11	2	5	2	4	4	1	0	33
15	13	I12	4	3	3	1	9	5	2	0

图 10-6　计算两项的共现次数

14. 我们需要构建另一张表，根据最小支持度和最小置信度显示哪些项集是有效的。

   ❑ 在单元格 DF2 中输入文本 "Support"，在单元格 DF3 中输入数字 0.03，在单元格 DF4 中输入文本 "Confidence"，在单元格 DF5 中输入数字 0.5。
   ❑ 在单元格 DH1 中输入 "I0" 并沿水平方向自动填充至单元格 FE1。
   ❑ 在单元格 DG3 中输入 "I0" 并沿垂直方向自动填充至单元格 DG52。

将表设置与图 10-7 比较。

	DD	DE	DF	DG	DH	DI	DJ	DK	DL	DM
1	I49				I0	I1	I2	I3	I4	I5
2	59		Support							
3	2		0.03	I0						
4	2		Confidence	I1						
5	2		0.5	I2						
6	2			I3						
7	2			I4						
8	3			I5						
9	3			I6						
10	24			I7						
11	1			I8						
12	2			I9						
13	1			I10						
14	1			I11						
15	5			I12						

图 10-7　关联分析表设置

15. 在单元格 DH3 中输入以下公式，从 DH3 自动填充至 FE3，然后从 DH3:FE3 自动填充至
DH52:FE52。

```
=IF($DG3=DH$1,"",IF(AND(BG$2>0,BG3/1000>=$DF$3,BG3/BG$2>=$DF$5),
TEXT(BG3/1000,"0.000") & ", " &TEXT(BG3/BG$2,"0.000"),""))
```

对于这个公式，我们要理解以下几点。

a. 注意，单元格 DH3 引用的项集(DH1, DG3)恰好是(I0, I0)。与之类似，单元格 DI7 引用
的项集(DI1, DG7)则是项集(I1, I4)。

b. 如果 DG3 和 DH1 用于同一项（在本例中正是如此），则无须计算支持度或置信度。

c. BG$2>0 是为了避免可能的除零错误。

d. BG3/1000>=$DF$3 是为了确保项集(DH1, DG3)的支持度不小于最小支持度。注意，我在
这里对收据数量 1000 采用了硬编码。更好的方法是使用单元格引用，也就是将收据的
数量保存在一个单元格中。

e. BG3/BG$2>=$DF$5 是为了确保项集(DH1, DG3)的置信度满足最小置信度要求。

f. 函数 AND 保证只要有要求未被满足，则单元格 DH3 中就不显示任何内容。

g. 函数 TEXT 用于格式化结果。

16. 将结果与图 10-8 比较。调整最小支持度和最小置信度，查看找到的项集的变化。

	DF	DG	DH	DI	DJ	DK	DL	
1			I0	I1	I2	I3	I4	
2	Support							
3	0.03	I0			0.040, 0.55			
4	Confidence	I1						
5	0.5	I2						
6		I3						
7		I4						
8		I5						
9		I6						
10		I7						
11		I8						
12		I9					0.049, 0.53	
13		I10						

图 10-8　大小为 2 的项集的关联分析

你可以在 Chapter10-1b.xlsx 中找到最终结果。

在第 13 步，我们还可以输入一个非常复杂的公式来生成图 10-8 所示的关联分析结果。这样做可以免去创建第 3 张表。打开文件 Chapter10-2b.xlsx 查看这个复杂的公式。

使用 Excel 对大小为 3 或更大的项集进行关联分析并不实际，这也正是本章到此结束的原因。注意，当项数和交易量很大时，关联分析的计算开销可不小。

10.3　复习要点

1. 项和项集

2. 最小支持度

3. 最小置信度

4. Excel 函数 IF、COUNTIFS、INDEX、TEXT

5. Excel 函数 AND

第 11 章

人工神经网络

一本少了人工神经网络的数据挖掘书是不完整的。顾名思义，人工神经网络模仿了人类神经元的结构和生物学过程。在我们的大脑中，数以亿计的神经元协同工作，根据各种输入产生相应的输出。这种概念性的理解被用来开发人工神经网络方法，不过神经元如何协同工作仍然需要大量的生物学研究来阐释。

11.1　一般性理解

尽管人脑神经元网络的生物学结构和过程极其复杂，但神经网络数据挖掘方法有明确的数学基础。在其最简单的形式中，人工神经网络就是一个线性函数，类似于线性判别分析。它接受属性形式的输入并搜索属性的最佳系数（或权重），生成尽可能接近实验数据的输出。然而，神经网络远比线性判别分析复杂和灵活得多。当然，它也可以是非线性的。神经网络的真正美妙之处在于它模仿了神经元的学习能力，也就是可以将输出作为输入反馈，以进一步优化权重。

典型神经网络的结构有多层。第一层是输入层，最后一层是输出层。在这两层之间，可以存在一个或多个隐藏层。信息从输入层流向隐藏层，然后再流向输出层。进入某一层的数据被作为该层的输入，从中产生的信息既是该层的输出，也是下一层的输入。在每个隐藏层中，数据都要经过包括聚合和变换在内的一系列处理操作。图 11-1 展示了一个简单的神经网络结构，其中所有数据都会进入每一个节点。

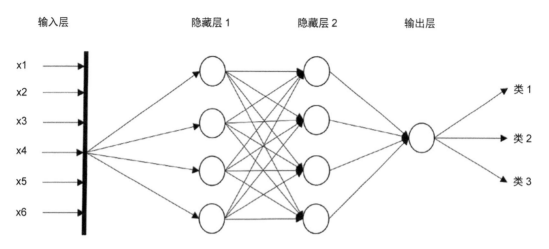

图 11-1   简单的神经网络示意图

隐藏层和输出层属于活跃层，因为它们要聚合和变换数据。变换函数也称为**激活函数**。聚合函数既可以是线性的，也可以是非线性的。最常用的激活函数是 sigmoid 函数，不过也有其他激活函数，如修正线性单元激活函数、钟形函数、logistic 函数等。赫维赛德阶跃函数（Heaviside step function）也经常用到，因为其行为很像神经元产生输出的方式：要么有，要么无。这些激活函数都有一个共同的特点：可以为所有数据或特定的值范围提供线性变换。显然，激活函数能够通过将多维数据点映射到线性空间来简化数据。

公式(6-2)以最简单的形式定义了 sigmoid 函数。让我们回顾一下，如公式(11-1)所示。

$$S = \frac{1}{1 + e^{-(m_1 x_1 + m_2 x_2 + \cdots + m_n x_n + b)}} \tag{11-1}$$

图 11-2 展示了 sigmoid 函数的图形。注意，当输入变为正无穷或负无穷时，sigmoid 函数会收敛到 1 或 -1。更重要的是，如果输入在 -1 和 1 之间，那么 sigmoid 函数可以将数据转换为线性空间。这就是为什么 sigmoid 函数的输入数据通常被归一化到 -1 ~ 1 的范围，或者至少被归一化到 0 ~ 1 的范围。

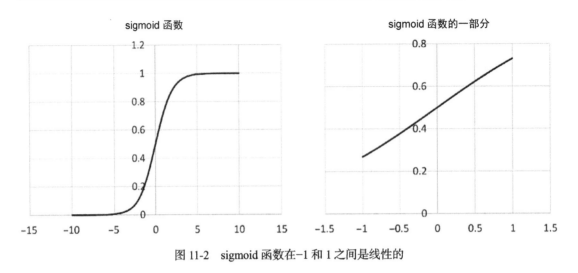

图 11-2   sigmoid 函数在−1 和 1 之间是线性的

11.2   通过 Excel 学习人工神经网络

在本章中，我们将进行两个实验。第 1 个实验非常简单，可以帮助我们更好地了解神经网络是如何工作的。第 2 个实验将强化并提升我们对神经网络的理解。

11.2.1   实验 1

打开文件 Chapter11-1a.xlsx，其中包含从 UCI 机器学习库下载的乳腺癌数据集（由 William H. Wolberg 博士友情提供）。要了解有关该数据集的详细信息，请访问 UCI 机器学习库的相关页面或阅读期刊文章"Multisurface Method of Pattern Separation for Medical Diagnosis Applied to Breast Cytology"。

一开始有 10 个属性和 1 个名为 "Class" 的目标。该类别有两个值：2 代表良性，4 代表恶性。第 1 个属性是已从 Chapter11-1a.xlsx 中删除的示例代码编号。为简单起见，我们将其他 9 个属性重命名为 x1, x2, …, x9。下载的数据集中最初有 699 个样本，因为其中有 16 个样本中缺少一个属性，所以我们将这 16 个样本删除。因此，在 Chapter11-1a.xlsx 中只有 683 个样本。

我们将 500 个样本作为训练数据集，其余 183 个样本作为测试数据集，用以评估神经网络模型的性能。工作表的顶部如图 11-3 所示。

	A	B	C	D	E	F	G	H	I	J	K	L	M	N
1	Neuron	w1	w2	w3	w4	w5	w6	w7	w8	w9	b	Wo	Bo	
2	1													
3	2													
4	3													
5														
6														
7														
8														
9												neuron weighted sum		
10		x1	x2	x3	x4	x5	x6	x7	x8	x9	Class	1	2	3
11		10	10	10	8	6	1	8	9	1	4			
12		1	1	1	1	2	1	3	1	1	2			
13		3	1	1	1	2	1	1	1	1	2			
14		3	1	1	1	2	1	2	1	1	2			
15		10	10	10	10	10	10	4	10	10	4			
16		6	5	5	8	4	10	3	4	1	4			
17		1	1	1	1	2	1	1	1	1	2			
18		5	2	1	1	2	1	1	1	1	2			
19		1	1	1	1	2	1	3	1	1	2			
20		4	10	8	5	4	1	10	1	1	4			
21		4	8	8	5	4	5	10	4	1	4			

图 11-3　从 UCI 机器学习库下载的乳腺癌数据集

在第 1 个实验中，为简单起见，我们打算只使用一个包含 3 个神经元（通常称为节点）的隐藏层，如单元格 A1:A4 中的标记所示。w1, w2, …, w9 是 9 个属性的权重（系数），b 则是线性函数中的截距。每个神经元都有自己的一组权重和截距。注意，我们将使用线性聚合函数。Wo 和 Bo 分别代表用于输出层的权重和截距。如果你在这时候感到困惑，不要担心。等用到这些数据时，我会给出详细的解释。

按照以下操作说明完成本实验。

1. 第 1 个任务是为权重和截距赋值。我们将它们都赋值为 1，如图 11-4 所示。

	A	B	C	D	E	F	G	H	I	J	K	L	M	N
1	Neuron	w1	w2	w3	w4	w5	w6	w7	w8	w9	b	Wo	Bo	
2	1	1	1	1	1	1	1	1	1	1	1	1	1	
3	2	1	1	1	1	1	1	1	1	1	1	1	1	
4	3	1	1	1	1	1	1	1	1	1	1	1	1	
5														
6														
7														
8														
9												neuron weighted sum		
10		x1	x2	x3	x4	x5	x6	x7	x8	x9	Class	1	2	3
11		10	10	10	8	6	1	8	9	1	4			
12		1	1	1	1	2	1	3	1	1	2			
13		3	1	1	1	2	1	1	1	1	2			
14		3	1	1	1	2	1	2	1	1	2			
15		10	10	10	10	10	10	4	10	10	4			
16		6	5	5	8	4	10	3	4	1	4			
17		1	1	1	1	2	1	1	1	1	2			
18		5	2	1	1	2	1	1	1	1	2			
19		1	1	1	1	2	1	3	1	1	2			
20		4	10	8	5	4	1	10	1	1	4			

图 11-4　用 1 初始化权重和截距

2. 每个神经元将所有的训练样本作为输入。训练样本保存在表 B11:K510 中。对于样本 1（第 11 行），其所有属性值分别聚合为神经元 1、2、3 内的单个值。因此，我们需要在单元格 L11 中输入以下公式。

```
=SUMPRODUCT($B11:$J11,INDEX($B$2:$J$4,L$10,0))+INDEX($K$2:$K$4,L$10,1)
```

这个公式实现了线性表达式 w1x1 + w2x2 + w3x3 + … + b。在该公式中，w1、w2、w3…… 和 b 用于神经元 1（B2:K2），x1、x2、x3……用于第 11 行中的第 1 个数据点。

函数 SUMPRODUCT 用于计算两个数组（B11:J11 和 B2:J2）的乘积之和。我们可以将该函数 写作 SUMPRODUCT($B11:$J11,$B$2:$J$2)。然而，我们希望不用重写公式，从 L11 自动填 充至 N11。因此，INDEX($B$2:$J$4,L$10,0)用于根据单元格 L10 的值获取数组 B2:J2。当 L10 = 1 时，INDEX($B$2:$J$4,L$10,0)获取表 B2:J4 中的第 1 行。

INDEX($K$2:$K$4,L$10,1)获取单元格 K2 的值，即截距。注意，数组 K2:K4 中只有一列， 这就是 INDEX 函数的最后一个参数为 1 的原因。

3. 从 L11 自动填充至 N11，然后一并自动填充至 L510:N510。工作表的部分内容如图 11-5 所示。检查单元格 M11 中的公式。因为 M10 = 2，所以聚合函数使用神经元 2 的系数。

图 11-5　应用聚合函数

如前所述，在聚合函数之后，需要应用激活函数（sigmoid 函数）。但是，由于 sigmoid 函数倾向于将其输入数据归一化到−1 ~ 1 或 0 ~ 1，因此我们需要对 L 列、M 列、N 列中的值进行归一化。因为目前所有值均为正，所以我们只需将这些值归一化到 0～1 的范围内即可。

4. 在单元格 K6 中输入文本 "MAX"，在单元格 K7 中输入文本 "MIN"。

5. 在单元格 L6 中输入公式=MAX(L11:L510)，在单元格 L7 中输入公式=MIN(L11:L510)。

6. 选中单元格 L6 和 L7，自动填充至 N6:N7，如图 11-6 所示。

7. 合并单元格 O9:Q9，在合并后的单元格中输入文本 "normalized"，然后在单元格 O10、P10、Q10 中分别输入 1、2、3。归一化的加权和分别保存在 O 列、P 列、Q 列中。

	H	I	J	K	L	M	N	O	P	Q
1	w7	w8	w9	b	Wo	Bo				
2	1	1	1	1	1	1				
3	1	1	1	1	1	1				
4	1	1	1	1	1	1				
5										
6				MAX	85	85	85			
7				MIN	10	10	10			
8										
9					neuron weighted sum			normalized		
10	x7	x8	x9	Class	1	2	3	1	2	3
11	8	9	1	4	64	64	64			
12	3	1	1	2	13	13	13			
13	1	1	1	2	13	13	13			
14	2	1	1	2	14	14	14			
15	4	10	10	4	85	85	85			

图 11-6　准备归一化数据

比较我们的工作表与图 11-6。L 列、M 列、N 列的数字相同，但不用感到惊讶。

8. 在单元格 O11 中输入公式=(L11-L$7)/(L$6-L$7)。该公式将单元格 L11 的值归一化到 0 和 1 之间（包括 0 和 1）。

9. 从 O11 自动填充至 Q11，然后一并自动填充至 O510:Q510。不用惊讶于 O 列、P 列、Q 列中的值相同。注意，当 L6（最大值）等于 L7（最小值）时，公式=(L11-L$7)/(L$6-L$7) 可能会产生误差。不过，这种情况应该不会发生。

10. 该用 sigmoid 函数变换经过归一化的数据了。合并单元格 R9、S9、T9。在合并后的单元格中输入文本 "sigmoid transformed"。在单元格 R10、S10、T10 中分别输入数字 1、2、3。工作表的部分内容如图 11-7 所示。

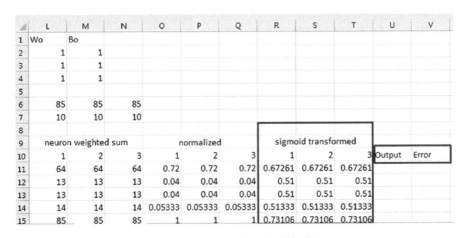

图 11-7　归一化之后，sigmoid 函数变换之前

11. 根据公式(11-1)，在单元格 R11 中输入公式=1/(1+EXP(-O11))。

12. 从单元格 R11 自动填充至 T11，然后一并自动填充至 R510:T510。

13. 在单元格 U10 和 V10 中分别输入文本"Output"和"Error"。至此，工作表的部分内容
    应该如图 11-8 所示。

图 11-8　准备生成输出并计算误差

14. 输出要用到另一个聚合函数，该函数使用单元格 L2:L4 中的 Wo 值和单元格 M2 中的 Bo
    值。在单元格 U11 中输入以下公式。

```
=MMULT(R11:T11,$L$2:$L$4)+$M$2
```

注意，函数 SUMPRODUCT 不适用于两个数组 R11:T11 和 L2:L4。这是因为 R11:T11 就像一行，而 L2:L4 就像一列。但是，函数 MMULT（矩阵乘法）则非常适合做这种类型的数组乘法。注意，没有用到单元格 M3 和 M4。

15. 从单元格 U11 自动填充至 U510。

16. 在单元格 V11 中输入公式=(U11-K11)^2，该公式用于计算 U11（Output）和 K11 的原始值（Class）之差的平方。我们之前已经看到了平方在误差计算中的应用。取差的平方是为了使差值为正。

17. 从单元格 V11 自动填充至 V510。

在神经网络中，我们需要寻找权重 w1、w2、…、w9、Wo、截距 b 和 Bo 的最优值，从而使误差之和最小化。

18. 在单元格 P1 中输入文本"Error Sum"。

19. 在单元格 Q1 中输入公式=SUM(V11:V510)。

将我们的结果与图 11-9 进行比较。

	L	M	N	O	P	Q	R	S	T	U	V
1	Wo	Bo			Error Sum	314.828					
2	1	1									
3	1	1									
4	1	1									
5											
6	85	85	85								
7	10	10	10								
8											
9	neuron weighted sum			normalized			sigmoid transformed				
10	1	2	3	1	2	3	1	2	3	Output	Error
11	64	64	64	0.72	0.72	0.72	0.67261	0.67261	0.67261	3.01782	0.96468
12	13	13	13	0.04	0.04	0.04	0.51	0.51	0.51	2.53	0.2809
13	13	13	13	0.04	0.04	0.04	0.51	0.51	0.51	2.53	0.2809
14	14	14	14	0.05333	0.05333	0.05333	0.51333	0.51333	0.51333	2.53999	0.29159
15	85	85	85	1	1	1	0.73106	0.73106	0.73106	3.19318	0.65097

图 11-9　生成的输出和计算出的误差

20. 我们需要再次使用规划求解来找出最优的权重和截距。单击"数据" ▶ 选择"规划求解"，按照图 11-10 设置规划求解的单元格区域。

21. 勾选 "使无约束变量为非负数"。如果不勾选，结果就会不一样。在本实验中需要勾选。

图 11-10 使用规划求解找出最优参数

规划求解可能需要一些时间才能找出最优参数。一旦规划求解完成工作，我们的工作表就应该如图 11-11 所示。

	B	C	D	E	F	G	H	I	J	K	L	M	N	O	P	Q
1	w1	w2	w3	w4	w5	w6	w7	w8	w9	b	Wo	Bo			Error Sum	199.853
2	0.015877	1.595424	1.547291	0.032066	0.06231	3.245841	0.032293	0.284619	0	1.04311	1.58285	0				
3	0.019502	1.648973	1.271313	0	3.64E-07	3.256054	0	0.292792	0	1.040896	1.64971	0.96571				
4	0.009889	1.406611	1.515587	0.002798	0	3.335183	4.03E-06	0.300405	0	1.116166	1.71624	1.09346				
5																
6										MAX	69.0122	65.9272	66.8209			
7										MIN	7.85883	7.52953	7.68664			
8																
9											neuron weighted sum			normalized		
10	x1	x2	x3	x4	x5	x6	x7	x8	x9	Class	1	2	3	1	2	3
11	10	10	10	8	6	1	8	9	1	4	39.3252	36.33	36.4983	0.51455	0.49318	0.48722
12	1	1	1	1	1	1	3	1	1	2	7.98513	7.52953	7.68665	0.00208	6.2E-09	1.4E-07
13	3	1	1	1	2	1	1	1	1	2	7.95289	7.56854	7.70642	0.00154	0.00067	0.00033
14	3	1	1	1	2	1	2	1	1	2	7.98519	7.56854	7.70642	0.00207	0.00067	0.00033
15	10	10	10	10	10	10	4	10	10	4	69.0066	65.9272	66.8209	0.99991	1	1
16	6	5	5	8	4	10	3	4	1	4	51.0515	49.491	50.3623	0.7063	0.71855	0.72167
17	1	1	1	1	2	1	1	1	1	2	7.92114	7.52953	7.68664	0.00102	6.2E-09	0
18	5	2	1	1	2	1	1	1	1	2	9.58007	9.25651	9.13281	0.02815	0.02957	0.02446
19	1	1	1	1	2	1	3	1	1	2	7.98573	7.52953	7.68665	0.00208	6.2E-09	1.4E-07
20	4	10	4	5	4	1	10	1	4	4	33.7021	31.328	30.9961	0.4226	0.40752	0.39418
21	4	8	8	5	4	5	10	4	1	4	44.3485	41.9326	42.4249	0.59669	0.58912	0.58745

图 11-11 使用规划求解找出单隐藏层神经网络的最优参数

值得注意的是，单元格 M3 和 M4 的值也发生了变化，而我们的神经网络模型根本没有用到过两者。

优化过权重和截距之后，我们的下一个任务是找到区分良性类别和恶性类别的截止点。按照以下操作说明来计算截止值。

22. 在单元格 P6 和 P7 中分别输入文本"mean"和"count"。

23. 在单元格 Q5 和 R5 中分别输入数字 2 和 4，在单元格 S5 和 T5 中分别输入文本"cutoff"和"missed"。

24. 在单元格 Q6 中输入公式=AVERAGEIFS($U11:$U510,$K11:$K510,Q5)。该公式计算良性类别的平均输出值。

25. 从单元格 Q6 自动填充至 R6。

26. 在单元格 Q7 中输入公式=COUNTIFS($K11:$K510,Q5)。该公式计算训练数据集中良性类别的数量。

27. 从单元格 Q7 自动填充至 R7。

28. 在单元格 S6 中输入公式=(Q6*Q7+R6*R7)/500。这是区分类别 2 和 4（良性和恶性）的截止值。

工作表的部分内容如图 11-12 所示。

▲	O	P	Q	R	S	T	U	V
1		Error Sum	199.853					
2								
3								
4								
5			2	4	cutoff	missed		
6		mean	2.52474	3.27248	2.79841			
7		count	317	183				
8								
9		normalized			sigmoid transformed			
10	1	2	3	1	2	3	Output	Error
11	0.51455	0.49317747	0.48722	0.62587	0.62085	0.61945	3.07802	0.85005
12	0.00208	6.23489E-09	1.4E-07	0.50052	0.5	0.5	2.47522	0.22583
13	0.00154	0.000667909	0.00033	0.50038	0.50017	0.50008	2.47542	0.22603
14	0.00207	0.000667909	0.00033	0.50052	0.50017	0.50008	2.47563	0.22623

图 11-12　计算单隐藏层神经网络模型的截止值

是时候用测试数据集来评估我们的神经网络模型了（再次注意，该模型只是一组优化过的参数）。按照以下操作说明继续完成本实验。

29. 选中单元格 L510:U510，向下自动填充至 L693:U693。

30. 在单元格 W10 和 X10 中分别输入文本"Predict"和"Diff"。

31. 在单元格 W11 中输入公式=IF(U11<=$S$6,2,4)，从 W11 自动填充至 W693。

32. 在单元格 X11 中输入公式 =IF(K11=W11,0,1)，从 X11 自动填充至 X693。

33. 在单元格 T6 中输入公式=SUM(X511:X693)。T6 中的数字表明有多少测试样本没有被我们的神经网络模型正确预测。注意，公式中的单元格区域是 X511:X693。

工作表的部分内容如图 11-13 所示。183 个测试样本中有 5 个未能被正确预测。

	O	P	Q	R	S	T	U	V	W	X
1		Error Sum	199.853							
2										
3										
4										
5			2	4	cutoff	missed				
6		mean	2.52474	3.27248	2.79841	5				
7		count	317	183						
8										
9		normalized			sigmoid transformed					
10	1	2	3	1	2	3	Output	Error	Predict	Diff
11	0.51455	0.49317747	0.48722	0.62587	0.62085	0.61945	3.07802	0.85005	4	0
12	0.00208	6.23489E-09	1.4E-07	0.50052	0.5	0.5	2.47522	0.22583	2	0
13	0.00154	0.000667909	0.00033	0.50038	0.50017	0.50008	2.47542	0.22603	2	0
14	0.00207	0.000667909	0.00033	0.50052	0.50017	0.50008	2.47563	0.22623	2	0
15	0.99991	1	1	0.73104	0.73106	0.73106	3.61783	0.14605	4	0
16	0.7063	0.718547267	0.72167	0.66958	0.67229	0.67298	3.32391	0.45709	4	0
17	0.00102	6.23489E-09	0	0.50025	0.5	0.5	2.4748	0.22544	2	0

图 11-13　用测试数据集评估神经网络模型

对于这个特定的乳腺癌数据集，9 个属性很好地表征了良性类别和恶性类别。区分这两个类别并不困难。上述 Excel 分步操作说明的目的在于剖析神经网络建模过程，并且清晰地展示简单的神经网络模型是如何工作的。

11.2.2　实验 2

让我们开始另一个实验。在此期间，我们将构建具有两个隐藏层的神经网络。每个隐藏层仍有 3 个神经元。打开文件 Chapter11-2a.xlsx，其中的数据是短发夹 RNA（short hairpin RNA，shRNA）功效预测的实验结果。数据已经过预处理和简化。有 4 个属性用于预测具有 3 个值的目标类别：39 表示低功效，69 表示中等功效，84 表示高功效。第 11 ~ 182 行是训练数据集，第 183 ~ 190 行是评分数据集。工作表的设置如图 11-14 所示。注意，不同神经元的初始权重和初始截距不同。W21、W22、W23 和 B2 是隐藏层 2 中的神经元的权重和截距。我们将两个隐藏层分别称为"层 1"和"层 2"。

	A	B	C	D	E	F	G	H	I	J	K	L	M	N	O
1	Neuron	w1	w2	w3	w4	b1	Wo1	Bo1	W21	W22	W23	B2	Wo2	Bo2	
2	1	1	1	1	1	1	1	1	1	1	1	1	1	1	
3	2	1.5	1.5	1.5	1.5	1.5	1.5	1.5	1.5	1.5	1.5	1.5	1.5	1.5	
4	3	2	2	2	2	2	2	2	2	2	2	2	2	2	
5															
6					max										
7					min										
8															
9							neuron weighted sum			normalized weighted sum			sigmoid transformed		
10		x1	x2	x3	x4	Class	1	2	3	1	2	3	1	2	3
11		30.1	-4.9	-0.4	8	39									
12		31.1	-5.6	-0.4	7	39									
13		44.4	-5.1	-3.7	5	39									
14		48.4	-4.5	-3.3	5	39									
15		33.1	-4.4	-1.8	7	39									
16		39.6	-6.9	-4.3	5	39									
17		44.4	-6.9	-3.8	5	39									
18		34.1	-4.4	-0.6	7	39									
19		47.4	-5.7	-4.6	5	39									
20		33.1	-4.5	-2.4	8	39									
21		34.1	-4	-2.5	8	39									
22		36.9	-5.3	-2.5	7	39									

图 11-14　实验 2 的数据设置

1. 在单元格 G11 中输入以下公式。

   =SUMPRODUCT($B11:$E11,INDEX($B$2:$E$4,G$10,0))+INDEX($F$2:$F$4,G$10,1)

   同样，该公式实现了线性表达式 w1x1 + w2x2 + w3x3 + ⋯ + b。

2. 从单元格 G11 自动填充至 I11，然后一并自动填充至 G182:I182。

3. 要将数据归一化到范围[−1, 1]，我们需要先将数据归一化到范围[0, 1]，乘以 2，然后减去 1。因此，按照以下操作说明继续。

❑ 在单元格 G6 中输入公式=MAX(G11:G182)，从 G6 自动填充至 I6。

❑ 在单元格 G7 中输入公式=MIN(G11:G182)，从 G7 自动填充至 I7。

❑ 在单元格 J11 中输入公式=(G11-G$7)/(G$6-G$7)*2-1，从 J11 自动填充至 L182。

工作表的部分内容如图 11-15 所示。

	A	B	C	D	E	F	G	H	I	J	K	L
1	Neuron	w1	w2	w3	w4	b1	Wo1	Bo1	W21	W22	W23	B2
2	1	1	1	1	1	1	1	1	1	1	1	1
3	2	1.5	1.5	1.5	1.5	1.5	1.5	1.5	1.5	1.5	1.5	1.5
4	3	2	2	2	2	2	2	2	2	2	2	2
5												
6						max	60.6	90.9	121.2			
7						min	26	39	52			
8												
9							neuron weighted sum			normalized weighted sum		
10		x1	x2	x3	x4	Class	1	2	3	1	2	3
11		30.1	-4.9	-0.4	8	39	33.8	50.7	67.6	-0.54913	-0.54913	-0.54913
12		31.1	-5.6	-0.4	7	39	33.1	49.65	66.2	-0.5896	-0.5896	-0.5896
13		44.4	-5.1	-3.7	5	39	41.6	62.4	83.2	-0.09827	-0.09827	-0.09827
14		48.4	-4.5	-3.3	5	39	46.6	69.9	93.2	0.190751	0.190751	0.190751
15		33.1	-4.4	-1.8	7	39	34.9	52.35	69.8	-0.48555	-0.48555	-0.48555
16		39.6	-6.9	-4.3	5	39	34.4	51.6	68.8	-0.51445	-0.51445	-0.51445
17		44.4	-6.9	-3.8	5	39	39.7	59.55	79.4	-0.20809	-0.20809	-0.20809
18		34.1	-4.4	-0.6	7	39	37.1	55.65	74.2	-0.35838	-0.35838	-0.35838
19		47.4	-5.7	-4.6	5	39	43.1	64.65	86.2	-0.01156	-0.01156	-0.01156
20		33.1	-4.5	-2.4	8	39	35.2	52.8	70.4	-0.46821	-0.46821	-0.46821
21		34.1	-4	-2.5	8	39	36.6	54.9	73.2	-0.38728	-0.38728	-0.38728

图 11-15 归一化为[-1, 1]的聚合数据

按照以下操作说明完成层 1 的数据变换并生成输出。

4. 在单元格 P10 中输入文本 "Output-1"，在单元格 Q10 中输入文本 "Error-1"。

5. 在单元格 M11 中输入公式=1/(1+EXP(-J11))。

6. 从单元格 M11 自动填充至 O11，然后从 M11:O11 自动填充至 M182:O182。

7. 在单元格 P11 中输入公式=MMULT(M11:O11,$G$2:$G$4)+$H$2。这是层 1 的输出。

8. 在单元格 Q11 中输入公式=(F11-P11)^2。这是具有当前参数集的层 1 的误差。

9. 分别将 P11 和 Q11 自动填充至 P182 和 Q182。

10. 在单元格 P1 中输入文本"Error Sum1"。

11. 在单元格 Q1 中输入公式=SUM(Q11:Q182)。

   工作表的部分内容应该如图 11-16 所示。

	F	G	H	I	J	K	L	M	N	O	P	Q
1	b1	Wo1	Bo1	W21	W22	W23	B2	Wo2	Bo2		Error Sum1	778010.9
2	1	1	1	1	1	1	1	1	1			
3	1.5	1.5	1.5	1.5	1.5	1.5	1.5	1.5	1.5			
4	2	2	2	2	2	2	2	2	2			
5												
6	max	60.6	90.9	121.2								
7	min	26	39	52								
8												
9		neuron weighted sum			normalized weighted sum			sigmoid transformed				
10	Class	1	2	3	1	2	3	1	2	3	Output-1	Error-1
11	39	33.8	50.7	67.6	-0.54913	-0.54913	-0.54913	0.366066	0.366066	0.366066	2.64729518	1321.519
12	39	33.1	49.65	66.2	-0.5896	-0.5896	-0.5896	0.356728	0.356728	0.356728	2.60527465	1324.576
13	39	41.6	62.4	83.2	-0.09827	-0.09827	-0.09827	0.475453	0.475453	0.475453	3.13953974	1285.973
14	39	46.6	69.9	93.2	0.190751	0.190751	0.190751	0.547544	0.547544	0.547544	3.46394704	1262.811
15	39	34.9	52.35	69.8	-0.48555	-0.48555	-0.48555	0.380943	0.380943	0.380943	2.71424187	1316.656
16	39	34.4	51.6	68.8	-0.51445	-0.51445	-0.51445	0.374151	0.374151	0.374151	2.68367824	1318.875
17	39	39.7	59.55	79.4	-0.20809	-0.20809	-0.20809	0.448164	0.448164	0.448164	3.01673709	1294.795
18	39	37.1	55.65	74.2	-0.35838	-0.35838	-0.35838	0.411351	0.411351	0.411351	2.85108137	1306.744
19	39	43.1	64.65	86.2	-0.01156	-0.01156	-0.01156	0.49711	0.49711	0.49711	3.23699436	1278.993
20	39	35.2	52.8	70.4	-0.46821	-0.46821	-0.46821	0.38504	0.38504	0.38504	2.73268203	1315.318

图 11-16 层 1 的输出及误差和

在神经网络中，每一层都应该在将其输出作为输入传递给下一层之前优化自身的参数集。这就是我们必须计算层 1 的输出及误差和的原因。我们需要使用规划求解，通过最小化层 1 的误差和来优化该层的参数。

12. 单击"数据"▶ 选择"规划求解"，按照图 11-17 所示设置规划求解的参数。不勾选"使无约束变量为非负数"。单击"求解"。

图 11-17   使用规划求解优化层 1 的参数

13. 在出现的窗口中，确保勾选"保留规划求解的解"。至此，结果如图 11-18 所示。

	A	B	C	D	E	F	G	H	I	J	K	L	M	N	O	P	Q
1	Neuron	w1	w2	w3	w4	b1	Wo1	Bo1	W21	W22	W23	B2	Wo2	Bo2		Error Sum1	26765
2	1	1.400606	-1.92613	2.120757	1.92234	1	13.4874	20.49571	1	1	1	1	1	1			
3	2	2.450927	-7.41431	4.679796	4.12889	1.5	29.64371	1.5	1.5	1.5	1.5	1.5	1.5	1.5			
4	3	4.316527	-16.2675	8.108013	7.05496	2	52.09065	2	2	2	2	2	2	2			
5																	
6						max	110.8898	229.4406	427.4011								
7						min	54.01284	116.3784	221.8142								
8																	
9							neuron weighted sum			normalized weighted sum			sigmoid transformed				
10		x1	x2	x3	x4	Class	1	2	3	1	2	3	1	2	3	Output-1	Error-1
11		30.1	-4.9	-0.4	8	39	67.12667	142.7622	264.8347	-0.53887	-0.53329	-0.58149	0.36845	0.369751	0.358591	55.1051516	259.3759
12		31.1	-5.6	-0.4	7	39	67.95323	146.2742	273.4835	-0.50981	-0.47116	-0.49735	0.375239	0.384342	0.378164	56.6448278	311.4811
13		44.4	-5.1	-3.7	5	39	74.77505	151.4633	281.8932	-0.26993	-0.37937	-0.41554	0.432925	0.406279	0.397585	59.088838	403.5614
14		48.4	-4.5	-3.3	5	39	80.07009	158.6904	292.642	-0.08373	-0.25153	-0.31097	0.479079	0.437448	0.422878	61.9528035	526.8312
15		33.1	-4.4	-1.8	7	39	65.47403	135.7272	251.2443	-0.59698	-0.65773	-0.7137	0.355034	0.341249	0.328783	52.5265983	182.9689
16		39.6	-6.9	-4.3	5	39	70.24672	150.2367	285.5905	-0.42916	-0.40107	-0.37957	0.394327	0.401056	0.406231	58.8637902	394.5702

图 11-18   仅优化层 1 的参数

层 1 经过变换后的数据作为层 2 中神经元的输入。按照以下操作说明完成层 2 的输入聚合和数据变换。

14. 合并单元格 R9:T9，在合并后的单元格中输入文本 "2nd hidden layer aggregation"。

15. 在单元格 R10、S10、T10 中分别输入数字 1、2、3。

16. 在单元格 R11 中输入以下公式。

```
=SUMPRODUCT($M11:$O11,INDEX($I$2:$K$4,R$10,0))+INDEX($L$2:$L$4,R$10,1)
```

该公式通过使用函数 SUMPRODUCT 聚合层 1 中经过变换后的数据，其对应的数学公式类似于 $y = w_1x_1 + w_2x_2 + w_3x_3 + b$。

17. 从单元格 R11 自动填充至 T11，然后一并自动填充至 R182:T182。

18. 我们将使用 sigmoid 函数来变换层 2 的数据。但是，这次我们不打算归一化数据。如果想这样做，当然可以在应用 sigmoid 变换之前再次将数据归一化到范围[-1, 1]。合并单元格 U9:W9，在合并后的单元格中输入 "2nd layer transformation"。

19. 在单元格 U10、V10、W10 中分别输入数字 1、2、3。

20. 在单元格 U11 中输入公式=1/(1+EXP(-R11))，自动填充至 W11，然后一并自动填充至 U182:W182。

21. 在单元格 X10 中输入文本 "Output-2"。

22. 在单元格 Y10 中输入文本 "Error-2"。

工作表的部分内容如图 11-19 所示。

	M	N	O	P	Q	R	S	T	U	V	W	X	Y
1	Wo2	Bo2		Error Sum1	26765								
2	1	1											
3	1.5	1.5											
4	2	2											
5													
6													
7													
8													
9	sigmoid transformed					2nd hidden layer aggregation			2nd layer transformation				
10	1	2	3	Output-1	Error-1	1	2	3	1	2	3	Output-2	Error-2
11	0.36845	0.369751	0.358591	55.1051516	259.3759	2.096792	3.145188	4.193583	0.890591	0.958719	0.985132		
12	0.375239	0.384342	0.378164	56.6488278	311.4811	2.137745	3.206617	4.275489	0.894518	0.961083	0.986285		
13	0.432925	0.406279	0.397585	59.088838	403.5614	2.23679	3.355184	4.473579	0.903505	0.966274	0.988722		
14	0.479079	0.437448	0.422878	61.9528035	526.8312	2.339405	3.509107	4.678809	0.912088	0.970946	0.990795		
15	0.355034	0.341249	0.328783	52.5265983	182.9689	2.025066	3.037599	4.050132	0.883404	0.954244	0.982878		
16	0.394327	0.401056	0.406231	58.8637902	394.5702	2.201614	3.302422	4.403229	0.900394	0.964512	0.98791		
17	0.461211	0.46218	0.465414	64.6606655	658.4698	2.388804	3.583206	4.777608	0.91597	0.972965	0.991654		
18	0.387402	0.374014	0.359611	55.5402921	273.5813	2.121027	3.181541	4.242054	0.89293	0.960134	0.985826		
19	0.462905	0.439026	0.433988	62.3601999	545.6989	2.33592	3.503879	4.671839	0.911809	0.970798	0.990732		

图 11-19　没有归一化的层 2 数据变换

按照以下操作说明继续。

23. 在单元格 X11 中输入公式=MMULT(U11:W11,$M$2:$M$4)+$N$2，生成输出。

24. 从单元格 X11 自动填充至 X182。

25. 在单元格 Y11 中输入公式=(F11-X11)^2，计算误差。

26. 从单元格 Y11 自动填充至 Y182。

27. 在单元格 S1 中输入文本"Error Sum2"。

28. 在单元格 T1 中输入公式=SUM(Y11:Y182)。

工作表的部分内容如图 11-20 所示。

▲	N	O	P	Q	R	S	T	U	V	W	X	Y
1	Bo2		Error Sum1	26765		Error Sum2	737862.9					
2	1											
3	1.5											
4	2											
5												
6												
7												
8												
9	oid transformed					2nd hidden layer aggregation			2nd layer transformation			
10	2	3	Output-1	Error-1	1	2	3	1	2	3	Output-2	Error-2
11	0.369751	0.358591	55.1051516	259.3759	2.096792	3.145187577	4.193583	0.890591	0.958719	0.985132	5.298934	1135.762
12	0.384342	0.378164	56.6488278	311.4811	2.137745	3.206616929	4.275489	0.894518	0.961083	0.986285	5.308713	1135.103
13	0.406279	0.397585	59.088838	403.5614	2.23679	3.355184296	4.473579	0.903505	0.966274	0.988722	5.330361	1133.645
14	0.437448	0.422878	61.9528035	526.8312	2.339405	3.509106953	4.678809	0.912088	0.970946	0.990795	5.350098	1132.316
15	0.341249	0.328783	52.5265983	182.9689	2.025066	3.037599341	4.050132	0.883404	0.954244	0.982878	5.280526	1137.003
16	0.401056	0.406231	58.8637902	394.5702	2.201614	3.302421672	4.403229	0.900394	0.964512	0.98791	5.322982	1134.142
17	0.46218	0.465414	64.6606655	658.4698	2.388804	3.583206191	4.777608	0.91597	0.972965	0.991654	5.358725	1131.735
18	0.374014	0.359611	55.5402921	273.5813	2.121027	3.181540602	4.242054	0.89293	0.960134	0.985826	5.304782	1135.368

图 11-20　计算误差

29. 再次使用规划求解优化所有的权重和截距。单击"数据" ➤ 选择"规划求解"，按照图 11-21 所示设置规划求解的参数。

图 11-21　再次使用规划求解优化所有层的参数集

通过规划求解优化过权重和截距之后，工作表的部分内容如图 11-22 所示。

	Wo1	Bo1	W21	W22	W23	B2	Wo2	Bo2			Error Sum1	28679.87		Error Sum2	21398.08
1															
2	13.4874	20.49571	1.333027	1.337034	1.369285	1.084378	14.61067	15.4938							
3	29.64371	1.5	0.104219	0.138962	0.170499	-5.12104	33.25832	1.5							
4	52.09065	2	4.399868	4.552622	4.527474	-6.41996	58.94761	2							
5															
6	92.74371	164.177	273.6523												
7	39.98566	62.03487	86.44424												

8													
9	neuron weighted sum			normalized weighted sum			sigmoid transformed					2nd hidden layer aggregation	
10	1	2	3	1	2	3	1	2	3	Output-1	Error-1	1	2	3
11	54.99927	101.7605	164.2111	-0.43085	-0.22215	-0.16919	0.393923	0.44469	0.457802	62.8381793	568.2588	2.830915	-4.94013809	-0.58956
12	56.99526	106.7076	170.8561	-0.35518	-0.12528	-0.0982	0.412126	0.46872	0.475469	64.7163124	661.3287	2.9115	-4.93188956	-0.32008
13	59.75797	97.64805	154.6686	-0.25045	-0.30267	-0.27114	0.437712	0.424904	0.432628	61.5308887	507.6409	2.828361	-4.94261618	-0.60095
14	64.88434	106.6182	173.8922	-0.05612	-0.12703	-0.06577	0.485974	0.468284	0.483564	66.121086	735.5533	3.020443	-4.92287355	0.039505
15	52.06845	90.33797	144.5754	-0.54195	-0.44581	-0.37897	0.367733	0.390358	0.406376	58.1955128	368.4677	2.652942	-4.95918579	-1.18498
16	55.56683	92.06724	136.7326	-0.40934	-0.41195	-0.46275	0.399072	0.398445	0.386333	57.8138478	353.9609	2.678084	-4.95821328	-1.10102

图 11-22　通过规划求解优化所有参数

还是老样子，我们现在需要设置截止值。按照以下操作说明继续。

30. 在单元格 S6 中输入 "mean"，在单元格 S7 中输入 "count"。

31. 在单元格 T5、U5、V5 中分别输入数字 39、69、84。

32. 在单元格 W5 中输入 "cutoff"，在单元格 X5 中输入 "missed"。

33. 在单元格 T6 中输入公式=AVERAGEIFS($X$11:$X$182,$F$11:$F$182,T$5)。该公式计算 Class 值等于 39 的样本的 Output 均值。从单元格 T6 自动填充至 V6。

34. 在单元格 T7 中输入公式=COUNTIFS($F$11:$F$182,T$5)。该公式计算 Class 值等于 39 的样本数量。从单元格 T7 自动填充至 V7。

35. 在单元格 W6 中输入公式=(T6*T7+U6*U7)/(T7+U7)。这是类别 39 和 69 之间的截止值。

36. 在单元格 W7 中输入公式=(U6*U7+V6*V7)/(U7+V7)。这是类别 69 和 84 之间的截止值。

工作表的部分内容如图 11-23 所示。

	R	S	T	U	V	W	X	Y
1		Error Sum2	21398.08					
2								
3								
4								
5			39	69	84	cutoff	missed	
6		mean	50.71331	65.06141	79.35472	58.71804		
7		count	42	53	77	73.52745		
8								
9	2nd hidden layer aggregation			2nd layer transformation				
10	1	2	3	1	2	3	Output-2	Error-2
11	2.830915	-4.94013809	-0.58956	0.944324	0.007103	0.356736	50.55596	133.5403
12	2.9115	-4.93188956	-0.32008	0.948412	0.007161	0.420656	54.38554	236.7147
13	2.828361	-4.94261618	-0.60095	0.944189	0.007085	0.354126	50.39959	129.9506
14	3.020443	-4.92287355	0.039505	0.953489	0.007226	0.509875	59.72113	429.3653

图 11-23　具有两个隐藏层的神经网络模型的截止值

我们想使用训练数据来评估模型的性能。由于数据量不大，因此我们在这里不进行交叉验证。

37. 在单元格 Z10 中输入文本 "Predict"，在单元格 AA10 中输入文本 "Diff"。

38. 在单元格 Z11 中输入公式=IF(X11<$W$6,39,IF(X11<$W$7,69,84))。该公式根据 Output 值和两个截止值对每个样本进行分类。从单元格 Z11 自动填充至 Z182。

39. 在单元格 AA11 中输入公式=IF(F11=Z11,0,1)。如果预测的类别与现有类别相同，那么该公式返回 0，否则返回 1。从单元格 AA11 自动填充至 AA182。

40. 在单元格 X6 中输入公式=SUM(AA11:AA182)。该公式计算有多少个预测的类别不正确。

结果应该如图 11-24 所示。具有两个隐藏层的神经网络错误地预测了 172 个样本中的 49 个。

你得到的结果可能会与图 11-24 所示的略有不同。如果是这样，不用感到惊讶。这种差异可能是由规划求解造成的。规划求解是一种数学优化工具，由于其内部算法，有时会产生略微不同的结果。

	R	S	T	U	V	W	X	Y	Z	AA
1		Error Sum2	21398.08							
2										
3										
4										
5			39	69		84	cutoff	missed		
6		mean	50.71331	65.06141	79.35472	58.71804		49		
7		count	42	53	77	73.52745				
8										
9		2nd hidden layer aggregation			2nd layer transformation					
10	1	2	3	1	2	3	Output-2	Error-2	Predict	Diff
11	2.830915	-4.94013809	-0.58956	0.944324	0.007103	0.356736	50.55596	133.5403	39	0
12	2.9115	-4.93188956	-0.32008	0.948412	0.007161	0.420656	54.38554	236.7147	39	0
13	2.828361	-4.94261618	-0.60095	0.944189	0.007085	0.354126	50.39959	129.9506	39	0
14	3.020443	-4.92287355	0.039505	0.953489	0.007226	0.509875	59.72113	429.3653	69	1
15	2.652942	-4.95918579	-1.18498	0.934192	0.00697	0.234159	43.17785	17.45444	39	0
16	2.678084	-4.95821328	-1.10102	0.935721	0.006976	0.249549	44.10764	26.08801	39	0

图 11-24　神经网络错误地预测了 49 个样本

本实验的下一步是对评分数据集进行预测。按照以下操作说明继续。

41. 选中单元格 G182:X182，自动填充至 G190:X190。

42. 从单元格 Z182 自动填充至 Z190。

预测结果如图 11-25 所示。

我们可能对之前的实验过程有不少疑问。举例来说，我们可能想知道为什么需要生成 Output-1 和 Error-1 来分开优化层 1 的参数。这是一个好问题。我们当然可以在不先优化层 1 参数的情况下将该神经网络模型投入使用。事实上，我们甚至还可能得到更好的结果。这就是通过

Excel 学习数据挖掘方法的优势，尤其是那些复杂的方法。因为我们清晰地了解每一步，所以会在学习过程中提出各种问题，其中一些问题可能有助于革新和改进某些数据挖掘算法。

	A	B	C	D	E	X	Y	Z	AA	AB	AC	AD
175		50.9	-7.4	-2.4	7	81.67567	5.402492	84	0			
176		50.9	-5.4	-0.6	7	83.94445	0.003086	84	0			
177		46.1	-6.7	-2.6	7	72.37544	135.1304	69	1			
178		46.1	-5	-0.6	8	79.58484	19.4936	84	0			
179		50.9	-4.9	-2.7	8	74.58472	88.64746	84	0			
180		46.1	-4.8	-0.6	7	78.38056	31.57811	84	0			
181		60.4	-5.4	-2.4	7	85.27212	1.618291	84	0			
182		55.6	-5.1	-2.7	7	80.51415	12.15113	84	0			
183	Scoring data set	47.6	-5.9	-4.3	6	56.91798		39				
184		38.1	-3.8	-1.8	7	49.80992		39				
185		47.6	-5.9	-4.6	5	53.08189		39				
186		52.4	-5.6	-3.7	5	69.63899		69				
187		47.6	-6.4	-2.5	7	74.53431		84				
188		52.4	-5.8	-3.6	8	74.26709		84				
189		57.6	-6.4	-1.5	8	86.55894		84				
190		42.9	-3.3	-2.4	6	51.4542		39				

图 11-25　评分数据集的预测类别

我们还可以在隐藏层 2 中使用不同的变换函数。如果在不同的层中使用不同的变换函数（如修正线性单元激活函数）可以改善模型结果，那么很容易在 Excel 中进行测试。这是一个不错的练习，值得一试。

在 Excel 中学习人工神经网络的内容到此结束。

11.3　复习要点

1. 对神经网络的一般性理解

2. 输入层、隐藏层、输出层

3. 聚合函数、变换函数、激活函数，尤其是 sigmoid 函数

4. Excel 函数 SUMPRODUCT、COUNTIFS、INDEX、AVERAGEIFS、EXP

5. Excel 函数 MMULT

6. 规划求解

第 12 章

文本挖掘

文本挖掘是数据挖掘中的一大主题，自身足以作为一个单独的领域。由于其重要性和在诸多方面的应用，一般的数据挖掘书中往往少不了它的身影。到目前为止，我们使用的所有数据都是结构化数据。根据定义，结构化数据表示数据以特定格式排列，以便计算机程序可以轻松处理。我们一直以来使用的数据均以表格形式排列，这是我们所学的所有数据挖掘方法所要求的格式。但是，文本挖掘方法使用的文本数据属于非结构化数据，通常是顺序数据。其他形式的非结构化数据包括音频文件、图像等。

我们学到的技术能否用于挖掘文章或网页等非结构化数据？答案是肯定的。然而，有一个前提条件。

12.1 一般性理解

为了将我们学到的数据挖掘技术应用于非结构化文本数据，必须先对数据进行预处理，使其成为结构化数据，或至少是半结构化数据。有几种典型的文本数据预处理（准备）技术，包括大小写转换、分词（tokenization）、删除停用词（stop-word removal）、词干化（stemming）、生成 n 元语（generating n-grams）、分词替换，等等。在文本数据被组织成表格格式后，我们可以建立一个术语-文档矩阵（term-document matrix），从中挖掘有意义的信息，包括针对各种应用的术语频率和术语模式，比如风险管理、客户服务、欺诈预防、垃圾邮件过滤、社交媒体文本分析等。

假设我们正在阅读关于某家酒店的大量评论。我们的目的是根据正面评论的数量和负面评论的数量对该酒店进行评级。第一个任务是确定正面评论和负面评论的含义。这种任务类似于句子情感分析：确定一个短句的情感或情绪。评估句子情感的最简单的技术是计算正面关键词和负面关键词的出现次数。当然，还应该有一个包含此类关键词（和短语）的词典，代表正面或负面的情绪。多视角问答（Multi-Perspective Question Answering，MPQA）主观性词汇库正是这样的词典，它已被 Excel Azure 机器学习插件采用。在 MPQA 主观性词汇库中，大约有 8000 个词，每个词都被赋予一个强或弱的极性分数。因为本书只使用 Excel 内建的规划求解加载项，所以我们不打算借助 Azure 或 MPQA。我准备在 Excel 中创建一个小词典来说明如何进行简单的意见（情感）分析。让我们首先通过一条评论"The hotel it is fantastic"来完成数据准备步骤。

1. 大小写转换：将所有单词转换成小写是个好主意。我们不想对"Fantastic"和"fantastic"区别对待。经过大小写转换，原先的评论变成了"the hotel it is fantastic"。

2. 分词：通过分词，我们将每个单词分离成单独的术语（term）。在这个过程中，还要去掉标点符号和空白字符。在分词完成之后，原来的句子变成了 5 个独立的单词：the、hotel、it、is、fantastic。

3. 停用词是指那些在上下文中没有实际意义的词。它们是英语中必不可少的连词和冠词，例如 then、a、the、it、is、of、for、just、to 等。删除它们可以简化文本。去掉停用词后，只剩下两个词：hotel 和 fantastic。

4. 假设"fantastic"在我们的词典中是一个极性分数为 1 的正面词，"hotel"是一个极性分数为 0 的中性词。因此，该评论被评定为正面（得分为 1）。

如果评论变成了"The hotel it is not fantastic"，我们知道即便其中有关键词"fantastic"，这也不是正面评论。如何确定此评论是负面的呢？方法有多种。

❑ 方法 1：将"not"标记为负面关键词。如果采用这种方法，那么像"the hotel is not bad"这样的评论该怎么评估呢？

❑ 方法 2：将"not fantastic"或"not bad"作为短语，根据短语评估其含义。这就是 n 元语技术要做的。

❑ 方法 3：结合前两种方法。将"not"标记为负面关键词，将"not fantastic"或"not bad"作为短语。

在文本挖掘中，n 元语是 n 个词的组合。单个词可能会漏掉一些含义。"good"是"not good"的反义词，在强度上也不同于"very good"。运用元语可以使我们的文本挖掘活动更加精细，但也会带来更大的复杂性。在本章中，为简单起见，我们只考虑二元语（2-gram）。这意味着我们会把"not fantastic"或"not bad"当作一个短语。

我们并没有在前面的例子中使用词干提取技术。人们可能会写"The hotel it is a fantasy"，而不是"The hotel it is fantastic"。"fantasy"和"fantastic"的词源相同。为了降低文本挖掘的复杂性，词干提取技术会视"fantasy"和"fantastic"为等同。另一个例子是将"thanks"视为和"thank"等同。

12.2　通过 Excel 学习文本挖掘

让我们切换到 Excel 中来练习一个文本挖掘示例。打开文件 Chapter12-1a.xlsx，其中有两张工作表。名为"dictionary"的工作表包含一些停用词（在工作表中名为 Stop Words）和正负面关键词（在工作表中名为 Polarity Words）。注意，这些词是专为此次文本挖掘演示收集的。图 12-1 展示了该工作表的部分内容。

	A	B	C	D
1	Polarity Words	Polarity Score		Stop Words
2	not	-1		a
3	amazing	1		an
4	best	1		and
5	cozy	1		are
6	delightful	1		as
7	enjoy	1		at
8	excellent	1		can
9	fantastic	1		could
10	good	1		for
11	lovely	1		in
12	memorable	1		is
13	outstanding	1		it
14	pleasant	1		of
15	pleasure	1		or
16	wonderful	1		that
17	thank	1		the
18	come back	1		then
19	happy	1		this
20	not amazing	-1		thus
21	not best	-1		to
22	not cozy	-1		was

图 12-1　一些极性关键词及其否定词，以及一些停用词

如图 12-1 所示，工作表 dictionary 中的 D 列保存了一些停用词。正负面关键词及否定式二元语短语都保存在 A 列中。B 列保存与每个关键词关联的极性分数。注意，"not"被指定为负面关键词（单元格 A2），其极性分数为-1。除了"not"，图 12-1 中的其他单个关键词都是正面的，其否定式二元语短语的极性分数均为-1。为什么？我们以短句"It is not amazing"为例进行说明。对于短句"It is not amazing"，两个关键词"not"和"amazing"的极性分数分别为-1 和 1。二元语短语"not amazing"的极性分数为-1。因此，该短句的总分数为-1 + 1 - 1 = -1，即负面。

分配给单个负面关键词的二元语短语的极性分数都是 2，如图 12-2 所示。举例来说，"not bad"的极性分数为 2。为什么？考虑短句"It is not bad"。"not"和"bad"都返回-1，而"not bad"返回 2。因此，该短句的总分数为-1 - 1 + 2 = 0，即中性。

	A	B
37	bad	-1
38	difficult	-1
39	expensive	-1
40	outrageous	-1
41	ridiculous	-1
42	rude	-1
43	sick	-1
44	terrible	-1
45	unhappy	-1
46	unpleasant	-1
47	not bad	2
48	not difficult	2
49	not expensive	2
50	not outrageous	2
51	not ridiculous	2
52	not rude	2
53	not sick	2
54	not terrible	2
55	not unhappy	2
56	not unpleasant	2

图 12-2　单个负面关键词及其否定式二元语短语

记住，以上分配的极性分数仅适用于此文本挖掘任务。我们当然可以根据其他偏好修改"词典"。如果我们更喜欢用"not bad"来表达正面情绪，那么可能会将二元语短语"not bad"的极性分数指定为 3。这里使用的评分系统仅作为示例而已。

为了方便使用这些关键词和停用词，我们要为其命名。单击"公式"选项卡 ➤ 单击"名称管理器"➤单击"新建..."按钮。操作过程如图 12-3 所示。注意,"名称管理器"在 Excel 2010 之后才有。

图 12-3 为关键词和停用词创建名称

单击图 12-3 中的按钮"新建...",会弹出另一个小窗口,如图 12-4 所示。因为关键词位于数组 A2:A56 中,所以将"引用位置"设置为=dictionary!\$A\$2:\$A\$56。在"名称"一栏中输入"kw"。

注意把"范围"设置为"工作簿"。这表明所有工作表都能访问名称 kw。单击"确定"。

图 12-4 为关键词数组命名

单击"确定"按钮之后,图 12-3 中的窗口内容更新为图 12-5 所示的内容。

图 12-5 关键词数组被命名为 kw 之后

继续分别命名关键词分数数组(在工作表中名为"Polarity Scores")和停用词数组,如图 12-6 所示。

图 12-6 命名关键词分数数组和停用词数组

确保将关键词分数数组命名为"kws",将停用词数组命名为"stw"。名称管理器中的命名结果如图 12-7 所示。

图 12-7　确认命名

命名之后，我们就可以通过名称"kw"引用关键词，通过"kws"引用关键词分数，通过"stw"引用停用词。

在名为"hotelReview"的工作表中共有 34 条评论，位于单元格 A1:A34。仔细看一下这些评论，图 12-8 展示了其中部分评论。

	A
1	The hotel it is fantastic. Environment it is great ！
2	Cozy
3	Breakfast has high-quality products, but it lacks in choice.
4	Price utterly ridiculous for what you get.
5	What a wonderful hotel
6	not bad at all.
7	We will come back!
8	One of the best Hotels.
9	10 stars!
10	A peaceful and amazing place.
11	The shower did not have hot water! Called to get fixed.
12	Everything OK.
13	We had a wonderful experience. Very sad we have to leave.

图 12-8　评论一览

按照以下操作说明完成文本挖掘练习。

1. 按照我们所学的，需要将所有的词转换成小写并去掉每个句子两侧的空格。在单元格 B1 中输入公式=TRIM(LOWER(A1))，然后自动填充至单元格 B34。该公式将文本转换为小写，并去除前后的空格。

2. 有些句子以感叹号结尾。为了去除感叹号，在单元格 C1 中输入以下公式。

```
=IF(MID(B1,LEN(B1),1)="!",TRIM(LEFT(B1,LEN(B1)-1)),B1)
```

LEN(B1)返回单元格 B1 中文本的长度。MID(B1,LEN(B1),1)选取 B1 中文本的最后一个字符。如果最后一个字符是"!"，LEFT(B1,LEN(B1)-1)通过提取除最后一个字符之外的其他所有字符来删除"!"。如果最后一个字符不是"!"，则提取 B1 里面的全部内容。

注意，删除"!"之后，TRIM(LEFT(B1,LEN(B1)-1))再次去除可能存在的空格。

3. 在分词之前，我们需要通过"选择性粘贴"（粘贴值）将 C 列中的句子复制到 D 列中。如果不这样做，那么我们接下来要用到的 Excel"分列"功能拆分的则是公式，而不是 C 列中的文本。将单元格 C1:C34 按值复制并粘贴到 D 列中。工作表的部分内容如图 12-9 所示。

	A	B	C
1	The hotel it is fantastic. Environment it is great !	the hotel it is fantastic. environment it is great !	the hotel it is fantastic. environment it is great
2	Cozy	cozy	cozy
3	Breakfast has high-quality products, but it lacks in choice.	breakfast has high-quality products, but it lacks in choice.	breakfast has high-quality products, but it lacks in choice.
4	Price utterly ridiculous for what you get.	price utterly ridiculous for what you get.	price utterly ridiculous for what you get.
5	What a wonderful hotel	what a wonderful hotel	what a wonderful hotel
6	not bad at all.	not bad at all.	not bad at all.
7	We will come back!	we will come back!	we will come back
8	One of the best Hotels.	one of the best hotels.	one of the best hotels.

图 12-9　粘贴值之后的工作表

4. "分列"功能位于"数据"选项卡中。单击"数据"选项卡,就会看到"分列",如图 12-10 所示。

图 12-10 位于"数据"选项卡中的"分列"

5. 选中 D 列,单击"分列";在弹出的窗口中选择"分隔符号",如图 12-11 所示。

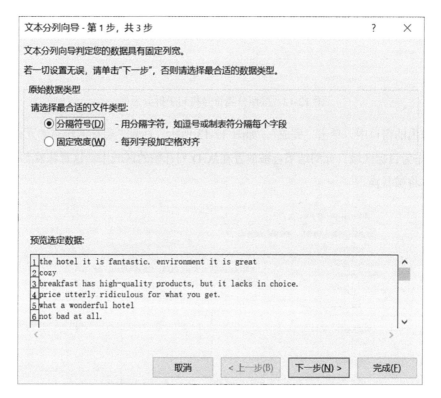

图 12-11 选择"分隔符号"并单击"下一步"

6. 单击"下一步",在弹出的窗口中,选中所有的分隔符号并在"其他"旁边的文本框中输入点号".",如图 12-12 所示。

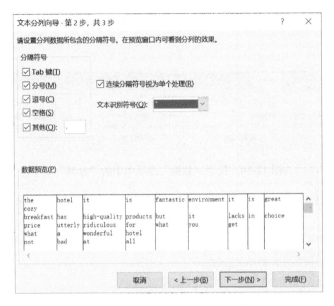

图 12-12　按照分隔符号将句子拆分为词

7. 在弹出的窗口中，单击"完成"，如图 12-13 所示。注意，目标区域是单元格 D1。选择 D1 作为目标区域，分词结果会被放置在从 D 列开始的区域中。这意味着 D 列内原有的文本将被替换。

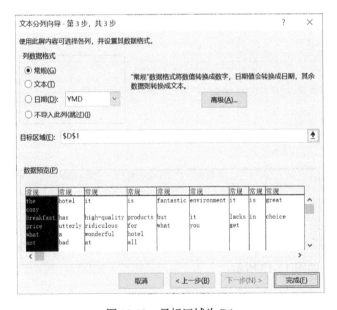

图 12-13　目标区域为 D1

至此，工作表的部分内容如图 12-14 所示。

	D	E	F	G	H	I	J	K	L
1	the	hotel	it	is	fantastic	environm	it	is	great
2	cozy								
3	breakfast	has	high-quali	products	but	it	lacks	in	choice
4	price	utterly	ridiculous	for	what	you	get		
5	what	a	wonderfu	hotel					
6	not	bad	at	all					
7	we	will	come	back					
8	one	of	the	best	hotels				

图 12-14　分词后的结果

8. 下一步是删除停用词。为此，先要用空格替换每个停用词。分词结果的最右列是 N 列，因此在单元格 O1 中，输入以下公式。

```
=IF(OR(ISBLANK(D1),COUNTIFS(stw,D1)>0),"",D1)
```

句子长短不一，这会在工作区域内留下一些空白单元格，如图 12-14 所示。

ISBLANK(D1)判断 D1 是否为空白单元格。COUNTIFS(stw,D1)>0 判断 D1 是否为停用词。如果至少有一个求值结果为 TRUE，那么 OR(ISBLANK(D1),COUNTIFS(stw,D1)>0)返回 TRUE。在本例中，单元格 O1 为空。否则，单元格 O1 将被赋予单元格 D1 的内容。

这是删除短词的一种常用技巧，例如删除所有长度为 3 或更短的词。不过，我们没有在练习中实现该技巧。

9. 从单元格 O1 自动填充至 O34，然后一并自动填充至 Y1:Y34。工作表的部分内容如图 12-15 所示。

	O	P	Q	R	S	T	U	V	W
1		hotel			fantastic	environm			great
2	cozy								
3	breakfast	has	high-quali	products	but		lacks		choice
4	price	utterly	ridiculous		what	you	get		
5	what		wonderfu	hotel					
6	not	bad		all					
7			come	back					
8	one			best	hotels				

图 12-15　使用空白替换停用词

10. 为了删除停用词，我们打算首先将含有停用词的单元格留空，然后将每个句子剩余的词拼接起来，再应用"分列"重新分词。保持 Z 列不变。在单元格 AA1 中，输入以下公式。

```
=IF(ISBLANK(O1)=FALSE,TRIM(Z1 & " " & O1), TRIM(Z1 & ""))
```

沿水平方向自动填充该公式时，会在单元格中累积文本，但会跳过内容为空的单元格。因为 Z 列保持不变，所以 Z 列中的单元格均为空。如果 ISBLANK(O1)=FALSE，也就是单元格 O1 不为空，就将 AA1 之前的单元格（Z1）与 O1 拼接起来。否则，仅在 AA1 中保存位于其之前的单元格的内容。

在 Office 2019 或 Office 365 中，Excel 添加了一个名为 TEXTJOIN 的新函数，该函数可以实现以下功能：

❑ 连接多个范围的文本；
❑ 忽略空的单元格；
❑ 插入所需的分隔符。

如果你使用的 Excel 版本中有 TEXTJOIN 函数，那么它肯定是比上述公式更好的选择。假设该函数可用，那么请执行以下操作：

❑ 忽略之前的公式；
❑ 在单元格 AK1 中输入公式=TEXTJOIN(" ",TRUE,O1:Y1)；
❑ 从单元格 AK1 自动填充至单元格 AK34；
❑ 跳过下面一步（步骤 11）。

11. 从单元格 AA1 自动填充至 AK1，然后一并自动填充至 AA34:AK34。AK 列保存了不含停用词的句子，如图 12-16 所示。

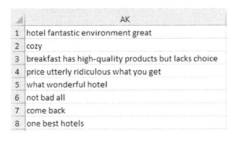

	AK
1	hotel fantastic environment great
2	cozy
3	breakfast has high-quality products but lacks choice
4	price utterly ridiculous what you get
5	what wonderful hotel
6	not bad all
7	come back
8	one best hotels

图 12-16　删除停用词之后

12. 复制单元格 AK1:AK34，仅将其值复制到 AL 列。

13. 使用"分列"功能对 AL 列中的文本进行分词。参考步骤 4 ~ 7。工作表的部分内容如图 12-17 所示。

	AL	AM	AN	AO	AP	AQ	AR	AS	AT
1	hotel	fantastic	environment	great					
2	cozy								
3	breakfast	has	high-quality	products	but	lacks	choice		
4	price	utterly	ridiculous	what	you	get			
5	what	wonderful	hotel						
6	not	bad	all						
7	come	back							
8	one	best	hotels						
9	10	stars							
10	peaceful	amazing	place						
11	shower	did	not	have	hot	water!	called	get	fixed

图 12-17　重新分词

14. 为了生成二元语短语，在 AU1 中输入以下公式。

```
=IF(AND(ISBLANK(AL1)=FALSE, ISBLANK(AM1)=FALSE),AL1 & " " & AM1,"")
```

该公式保证仅当单元格 AL1 和 AM1 都不为空时，才会在单元格 AU1 内生成二元语短语。

15. 从单元格 AU1 自动填充至 BB1，然后从 AU1:BB1 自动填充至 AU34:BB34。

生成的二元语短语如图 12-18 所示。注意，第 2 行没有二元语短语。另外，最后的二元语短语位于 BB 列中（图 12-18 没有显示 BB 列）。

	AU	AV	AW	AX
1	hotel fantastic	fantastic environment	environment great	
2				
3	breakfast has	has high-quality	high-quality products	products but
4	price utterly	utterly ridiculous	ridiculous what	what you
5	what wonderful	wonderful hotel		
6	not bad	bad all		
7	come back			
8	one best	best hotels		

图 12-18　二元语短语

16. 所有词都在单元格 AL1:BB34 中进行分词，包括单个词和二元语短语。是时候计算每个句子的分数了。在单元格 BC1 中，输入以下公式。

```
=IF(ISNA(MATCH(AL1,kw,0))=FALSE,INDEX(kws,MATCH(AL1,kw,0),1),0)
```

该公式计算单元格 AL1 中的"hotel"一词的极性分数。

如果函数 MATCH 在关键词数组（由名称 kw 表示）中找不到 AL1 的精确匹配项，就会给出#NA 错误。ISNA(MATCH(AL1,kw,0))=FALSE 判断函数 MATCH 能否找到匹配项。如果没有#NA 错误（=FALSE），那么函数 MATCH 成功并返回关键词在数组 kw 中的位置。该位置被传给函数 INDEX，以便在关键词分数数组（由名称 kws 表示）中找到相应的分数。如果存在 #NA 错误，则返回 0 分。

注意表达式 INDEX(kws,MATCH(AL1,kw,0),1)。函数 MATCH 的最后一个参数为 0，表示要求精确匹配。函数 INDEX 的最后一个参数为 1，因为 kws 只有 1 列。

17. 从单元格 BC1 自动填充至 BS1，然后一并自动填充至 BC34:BS34。BC1:BS34 是一个稀疏矩阵。工作表的部分内容如图 12-19 所示。

	A	BC	BD	BE	BF	BG	BH
1	The hotel it is fantastic. Environment it is great ！	0	1	0	0	0	0
2	Cozy	1	0	0	0	0	0
3	Breakfast has high-quality products, but it lacks in choice.	0	0	0	0	0	0
4	Price utterly ridiculous for what you get.	0	0	-1	0	0	0
5	What a wonderful hotel	0	1	0	0	0	0
6	not bad at all.	-1	-1	0	0	0	0
7	We will come back!	0	0	0	0	0	0
8	One of the best Hotels.	0	1	0	0	0	0
9	10 stars!	0	0	0	0	0	0
10	A peaceful and amazing place.	0	1	0	0	0	0
11	The shower did not have hot water! Called to get fixed.	0	0	-1	0	0	0
12	Everything OK.	0	0	0	0	0	0
13	We had a wonderful experience. Very sad we have to leave.	0	1	0	0	0	0
14	Thanks for the stay in this wonderful Hotel.	0	0	1	0	0	0
15	A five star stay!	0	0	0	0	0	0

图 12-19　分词和二元语短语的极性分数

18. 在单元格 BT1 中输入公式=SUM(BC1:BS1)。该公式计算第 1 句中的分数之和。

19. 从单元格 BT1 自动填充至 BT34。

20. 在单元格 BU1 中输入以下公式。

```
=IF(BT1>0,"Positive",IF(BT1=0,"Neutral","Negative"))
```

如果总分数为正，那么句子会被认为是正面的；如果总分数为 0，那么句子会被认为是中性的；否则，句子是负面的。

21. 从单元格 BU1 自动填充至 BU34。

22. 冻结 A 列（单击 A 列 ▶ 单击"视图" ▶ 单击"冻结窗格" ▶ 选择"冻结首列"），最终结果如图 12-20 所示。

	A	BT	BU
1	The hotel it is fantastic. Environment it is great ！	1	Positive
2	Cozy	1	Positive
3	Breakfast has high-quality products, but it lacks in choice.	0	Neutral
4	Price utterly ridiculous for what you get.	-1	Negative
5	What a wonderful hotel	1	Positive
6	not bad at all.	0	Neutral
7	We will come back!	1	Positive
8	One of the best Hotels.	1	Positive
9	10 stars!	0	Neutral
10	A peaceful and amazing place.	1	Positive
11	The shower did not have hot water! Called to get fixed.	-1	Negative
12	Everything OK.	0	Neutral
13	We had a wonderful experience. Very sad we have to leave.	1	Positive
14	Thanks for the stay in this wonderful Hotel.	1	Positive
15	A five star stay!	0	Neutral
16	Come back again is not even a question.	0	Neutral
17	We had a truly memorable and delightful stay. Thank you all.	3	Positive
18	People here are really nice. Enjoy.	1	Positive
19	A lovely and warm place	1	Positive

图 12-20　针对酒店评论的情感分析

完整的文本挖掘结果可以在 Chapter12-1b.xlsx 和 Chapter12-1c.xlsx 中找到。

Chapter12-1b.xlsx 没有使用函数 TEXTJOIN，Chapter12-1c.xlsx 则使用了该函数。

经过仔细检查结果，我们发现该文本挖掘模型不适用于评论 9、15、16、20、26。这并不代表我们的文本挖掘工作失败了。评论 9（"10 stars!"）、15（"A five star stay!"）以及 20（"Not cheap, but worthy."）可以通过添加更多的关键词来正确评估。评论 26（"want to say 'Thanks' to all of you!"）也可以通过词干提取技术来正确评估。

有些词虽然写法不同，但意思是一样的，比如"thanks"和"thank you"。其他的例子包括"book"和"books"，以及"imply"和"implies"。"thanks""books""implies"都来源于其基本词干（"thank""book""imply"）。将词简化为基本词干在文本挖掘中称为"词干化"。显然，将"thanks"简化为"thank"就可以将评论 26 评定为正面。

真正有挑战性的是评论 16（"Come back again is not even a question."）。我们清楚这是一条正面评论，但大多数计算机算法无法识别。正是因为这种句子的存在，文本挖掘是一项颇具挑战性的复杂任务。本章提供的例子仅用于学习和教育。我不会在本书中解释如何处理像这样的句子。

文本挖掘还能够识别在评论、注解和客户支持查询中出现频率最高的词。高频词可以告诉我们客户碰到的常见问题。**词频**（term frequency，TF）也可以与另一个概念**逆向文档频率**（inverse document frequency，IDF）共同用于在搜索中对网页进行排序。

当然，Excel 不适合网页排名。这个例子反映了 Excel 在数据挖掘中的局限性。然而，通过越来越多的加载项，Excel 在数据挖掘或机器学习方面会变得越来越强大，本书则尝试在没有额外加载项的情况下演示 Excel 的使用。

12.3　复习要点

1. 结构化数据和非结构化数据

2. 文本挖掘的应用

3. 词频、极性分数、分词、关键词、停用词、词干化、n 元语

4. Excel 函数 IF、COUNTIFS、INDEX、MATCH、AND

5. Excel 函数 ISNA、OR、ISBLANK、MID、TRIM、LEN

6. 名称管理器

7. 分列

8. Excel 函数 TEXTJOIN（仅限 Office 2019 或 Office 365）

第13章

后　记

Excel 是一款用于商业智能、办公室工作以及诸多其他应用的卓越工具，其出色之处来自于所拥有的众多功能，包括公式、函数、自动填充、自动工作簿计算、加载项等。通过自动工作簿计算，对公式或单元格的值的任何修改都会触发与该单元格直接或间接相关的其他单元格的重新计算，即使它们位于不同的工作表中也会如此。重新计算还会重绘依赖于这些单元格的图表。单元格的值也可以链接到表单控件，从而对数据值和图表进行可视化控制。

自动填充能够实现大量单元格的自动计算，这是一项极其强大的功能。Excel 借此得以处理大型数据集。Excel 中的数据自动以表格形式排列，这使得 Excel 天生适合于许多数据挖掘技术。

Excel 数以百计的函数使其具备了可编程性。我们可以将 Excel 公式视为编程语句，将工作表视为模块化函数、类或程序。可用函数可以根据其特定用途进行分类，例如财务、数学、统计、参考、查找等。这些函数的独具匠心的用法为我们提供了通过 Excel 逐步学习数据挖掘的契机。

Excel 的功能一直在不断发展。在我使用的第 1 个 Excel 版本中（Excel 2003），可用的行数和列数分别为 65 336 和 256。从 2007 版开始，可用的行数超过了 100 万，可用的列数超过了 16 000。如今，Excel 的容量足以满足对大型数据集的操作。

Excel 的可用函数也一直在增多。表 13-1 列出了自 2010 版以来加入的新函数数量和自 2007版以来的函数总量。表中的数据来自微软公司。一般来说，函数越多，功能越强。

表 13-1　不同 Excel 版本的函数数量

Office 版本	2007	2010	2013	2016	2019/365
新函数数量		56	51	6	16
函数总量	350	406	457	463	479

我相信现在我们已经积累了不少关于数据挖掘的知识，不会再把数据挖掘或者机器学习当成一种神秘的技术。我们可能想知道 Excel 还能做什么，因为书中还有不少其他数据挖掘方法没有涉及，例如随机森林、支持向量机、主成分分析、深度学习等。

我想强调的是，本书的目的是通过 Excel 示例来介绍基本的数据挖掘方法。我不打算涵盖所有的数据挖掘方法，尽管有些数据挖掘方法的简化版本也可以通过 Excel 示例来说明。

我们必须承认，Excel 不是编程语言，它在学习数据挖掘方面的局限性是客观存在的。在第 12 章中，我提到 Excel 不适合某些文本挖掘任务。在第 10 章中，我展示了如何只对大小为 2 的项集进行关联分析。当项集大小增加时，不同项集的数量呈指数增长，会逐渐变得不适合（甚至不可能）通过 Excel 进行关联分析。

最初的数据挖掘软件工具提供的是半自动化挖掘过程。用户必须一次应用一种数据挖掘方法。为了比较不同方法的性能，用户只能尝试不同的方法并手动进行对比。如今，自动数据挖掘变得越来越流行。RapidMiner 等软件工具提供了"自动模型"（Auto Model），允许用户任意应用多种数据挖掘方法，并可以自动比较这些方法的性能。当然，对于 Excel 来说，尽管 Azure 的机器学习加载项颇为强大，但要提供这样的自动数据挖掘功能还非常困难。一旦我们通过 Excel 掌握了数据挖掘知识，如果有志于成为数据挖掘或机器学习专家，确实需要熟练掌握数据挖掘软件工具或语言。

自动数据挖掘在挖掘阶段用不着花费太多力气，却把大量的工作推到了数据准备阶段。如前所述，Excel 可以让用户直接以可视化方式检查每一步的数据准备操作。因此，Excel 在数据挖掘实践中始终扮演着重要的角色。当数据集太大，以至于 Excel 无法操作时，它仍然可以作为一个很好的工具，在较小的范围内测试数据准备过程。

学习是一个循序渐进的过程，不会也永远不可能会自动完成。边做边学是最好的学习方法。使用 Excel 学习数据挖掘迫使学习者手动完成每个数据挖掘步骤，为他们提供了一种主动的学习体验。我认为自动数据挖掘的趋势使得 Excel 在研究数据挖掘或机器学习方面变得更加重要。